現数Select №.8

行列式

石谷 茂 著

🏛 現代数学社

まえがき

　"行列式のことは行列式でやりたい"がこの本のモットーである．線型代数は 3 つの柱——ベクトル，行列，行列式——によって構成されているとみてよい．当然，3 つの柱は相互に補完の関係にあり，この関係を巧みに生かして学ぶのが現代流であろう．たしかに，この現代流はエレガントであるが，初学者向きとはいいがたい．というのは体系がガッチリと固められているために，3 つの柱のどこかに弱い点があると，先へすすめないからである．

　本書は，このことを考慮し，行列式のことは，できるだけ行列式の知識のみで学ぶように試みた．そのために，多少ドロ臭くなったとは思うが，高校の数学の体質と結びつき，学びやすいだろうという気がする．

　終りに近づくにつれベクトル，行列との関係が現れはするが，その予備知識はいたって基礎的なもので，定義と計算の域を出ない．ここで行列式をベクトルと行列によって見直せば，3 つの柱の巧みな結合の一端をのぞきみることができよう．

　行列式というのは，定理の厳密な証明に神経質にならず，応用を通して経験的に学ぶにふさわしい特性をもっている，証明の不安なところは，応用後，気の向いたときに検討すれば十分である．

著　者

このたびの刊行にあたって

　本書は楽しく読んで分る，そんな数学の本があったら… という
著者の思いで，普通の本の一章分を対話によって解説し，一冊に
まとめたものです．

　数学の学び方として帰納法と類推法を絶えず活用し，「証明」に代
る「証明のリサーチ」を試行しています．学び方としては，これで
一応の完成というのが著者の考えであって，その後の発展は読者
次第です．ぜひ楽しんでお読みいただければ幸いです．

　本書初版は 1980 年 7 月でした．この面白く生き生きとした数学
を少しでも多くの方に読んでいただきたいと，今回新たに組み直し
ました．このたびの刊行にあたり，ご快諾くださったご親族様に，
心より厚く御礼を申し上げます．

現代数学社編集部

目　次

§1. 行列式

1. 行列式のルーツ

「行列式を理解するには，そのルーツを尋ねるのがよい．人柄を知りたいとき，その人の生い立ちを調べるように」

「行列式のルーツはどこか」

「連立1次方程式の解法といわれている．未知数が2つのものに当ってみようではないか」

「そんな簡単なの，バカらしいよ」

「簡単なもので本質をつかみ，一般化へ進む．これが学び方の正統．どんな原理も，具象の中に秘められている．具象は一見平凡に見えるが，その内容は豊富なことが多いものです」

「分った．では当ってみるよ．

$$\begin{cases} a_1 x + b_1 y = k_1 & ① \\ a_2 x + b_2 y = k_2 & ② \end{cases}$$

$b_1 \neq 0$ として，①を y について解けば……」

「1次の連立方程式の解き方の本命は加減法です．代入法は，そのように，場合分けが起きる．それに分数が現れるのも感心しない」

「① $\times b_2 -$ ② $\times b_1$　　$(a_1 b_2 - a_2 b_1) x = k_1 b_2 - k_2 b_1$

　　② $\times a_1 -$ ① $\times a_2$　　$(a_1 b_2 - a_2 b_1) y = a_1 k_2 - a_2 k_1$

$a_1 b_2 - a_2 b_1 \neq 0$ のとき

$$x = \frac{k_1 b_2 - k_2 b_1}{a_1 b_2 - a_2 b_1} \quad y = \frac{a_1 k_2 - a_2 k_1}{a_1 b_2 - a_2 b_1}$$

$a_1 b_2 - a_2 b_1 = 0$ のとき」

「当面の目標は方程式を完全に解くことではなく，行列式を導くこと．$a_1 b_2 - a_2 b_1 = 0$ の場合は，そっとしておき，解を表す式に目を向けようではないか」

「形が似ている」

「似た式には，似た表し方を……というわけで，$a_1b_2 - a_2b_1$ を

$$\begin{vmatrix} a_1 & b_1 \\ a_2 & b_2 \end{vmatrix}$$

と表すことがはじまった，矢印の方向に掛け，上向きの矢印のときはマイナスをつければ，もとの式が出る」

「日本人の心情に合いそうですね．タスキ掛けは……」

「はち巻もあればピッタリといいたいのか．話をそうすではないよ．分子も同様に表してみると

$$k_1b_2 - k_2b_1 は \begin{vmatrix} k_1 & b_1 \\ k_2 & b_2 \end{vmatrix}, \quad a_1k_2 - a_2k_1 は \begin{vmatrix} a_1 & k_1 \\ a_2 & k_2 \end{vmatrix}$$

そこで

$$x = \frac{\begin{vmatrix} k_1 & b_1 \\ k_2 & b_2 \end{vmatrix}}{\begin{vmatrix} a_1 & b_1 \\ a_2 & b_2 \end{vmatrix}} \quad y = \frac{\begin{vmatrix} a_1 & k_1 \\ a_2 & k_2 \end{vmatrix}}{\begin{vmatrix} a_1 & b_1 \\ a_2 & b_2 \end{vmatrix}}$$

どうです．この見事な形式の統一」

「x の分子は分母の第 1 列を k_1, k_2 で置き換えたもの．y の分子は分母の第 2 列を k_1, k_2 で置き換えたもの…」

「その着眼が重要．x の分子は，x の係数 a_1, a_2 を k_1, k_2 で置きかえ，y の分子は，y の係数 b_1, b_2 を k_1, k_2 で置き換えたとみることもできる．表現のくふうが，われわれの認識を助けた．これが"思考の経済"と称するものです」

×　　　　　　　×

4

「2元から3元へと……意欲がわいてきた.

$$a_1 x + b_1 y + c_1 z = k_1 \qquad ①$$
$$a_2 x + b_2 y + c_2 z = k_2 \qquad ②$$
$$a_3 x + b_3 y + c_3 z = k_3 \qquad ③$$

② × b_3 − ③ × b_2

$$(a_2 b_3 - a_3 b_2)\,x + (b_3 c_2 - b_2 c_3)\,z = k_2 b_3 - k_3 b_2 \qquad ④$$

③ × b_1 − ① × b_3

$$(a_3 b_1 - a_1 b_3)\,x + (b_1 c_3 - b_3 c_1)\,z = k_3 b_1 - k_1 b_3 \qquad ⑤$$

次に z を消去……しかし,計算が大変……」

　「式は複雑でも,原理は単純ということがある.もとの方程式を見直してごらん.a, b, c は平等で,サフィックスの $1, 2, 3$ も平等……,この形の統一はみだしたくない.だから,①,②についても y の消去を試みては…….⑤で $1, 2, 3$ をサイクリックにいれかえるだけで済む」

サイクリックに

　「なるほど,1を2に,2を3に,3を1にといれかえてね.
① × b_2 − ② × b_1

$$(a_1 b_2 - a_2 b_1)\,x + (b_2 c_1 - b_1 c_2)\,z = k_1 b_2 - k_2 b_1 \qquad ⑥$$

複雑の中の単純が分って来た」

「次に z の消去……そのくふうが本命だ．④，⑤，⑥に順に c_1, c_2, c_3 を掛け，それらを加えてごらん」

「z の係数は

$$b_3c_2c_1 - b_2c_3c_1 + b_1c_3c_2 - b_3c_1c_2 + b_2c_1c_3 - b_1c_2c_3$$

おや．プラス，マイナスで完全に消える」

「そこが興味津々……あとは x の係数と定数項を求めるだけ」

「x の係数は

$$D = a_2b_3c_1 - a_3b_2c_1 + a_3b_1c_2 - a_1b_3c_2 + a_1b_2c_3 - a_2b_1c_3$$

定数項は

$$D_x = k_2b_3c_1 - k_3b_2c_1 + k_3b_1c_2 - k_1b_3c_2 + k_1b_2c_3 - k_2b_1c_3$$

消える項がないとは無念」

「しかし，形の統一と類似は，君の無念さを補って余りがある．その類似性が，y の係数，z の係数を作り出す原理になるからだ」

「その原理はすでに使った．$1, 2, 3$ をサイクリックにかえること…」

「いや，今度は a, b, c だ．x, y, z のサイクリックに対応するのは a, b, c のサイクリックです」

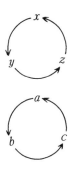

「なるほど．その原理で，y の定数項は

$$D_y = k_2 c_3 a_1 - k_3 c_2 a_1 + k_3 c_1 a_2 - k_1 c_3 a_2 + k_1 c_2 a_3$$
$$- k_2 c_1 a_3$$

さらに，同じ要領で，z の定数項を

$$D_z = k_2 a_3 b_1 - k_3 a_2 b_1 + k_3 a_1 b_2 - k_1 a_3 b_2 + k_1 a_2 b_3 - k_2 a_1 b_3」$$

「どう，楽しいでしょう．計算に代るのが文字のいれかえ……頭は遊ばしておくものじゃない」

「このよく似た４つの式をどのように表すのか」

「次数は違っても連立１次方程式の仲間．２元の場合にならい，数を並べ，横線ではさんでは，と考えるのが自然な発想です．

$$D = \begin{vmatrix} a_1 & b_1 & c_1 \\ a_2 & b_2 & c_2 \\ a_3 & b_3 & c_3 \end{vmatrix}$$

D_x, D_y, D_z は君にまかせる」

「D_x, D_y, D_z は D の中の a, b, c を k にかえたものだから

$$D_x = \begin{vmatrix} k_1 & b_1 & c_1 \\ k_2 & b_2 & c_2 \\ k_3 & b_3 & c_3 \end{vmatrix} \quad D_y = \begin{vmatrix} a_1 & k_1 & c_1 \\ a_2 & k_2 & c_2 \\ a_3 & k_3 & c_3 \end{vmatrix} \quad D_z = \begin{vmatrix} a_1 & b_1 & k_1 \\ a_2 & b_2 & k_2 \\ a_3 & b_3 & k_3 \end{vmatrix}$$

表し方は分った．逆に，この形式からもとの式を作るタスキ掛けはどうなるのです」

$$\begin{vmatrix} a_1 & b_1 & c_1 \\ a_2 & b_2 & c_2 \\ a_3 & b_3 & c_3 \end{vmatrix} \quad \begin{matrix} +a_2 b_3 c_1 \\ +a_3 b_1 c_2 \\ +a_1 b_2 c_3 \end{matrix} \quad \begin{matrix} -a_1 b_3 c_2 \\ -a_2 b_1 c_3 \\ -a_3 b_2 c_1 \end{matrix} \quad \begin{vmatrix} a_1 & b_1 & c_1 \\ a_2 & b_2 & c_2 \\ a_3 & b_3 & c_3 \end{vmatrix}$$

　「これをごらん，タスキ掛けの三重奏です．"タスキ掛け"では国際性を欠く．ふつうは創作者にちなみ**サラス（Sarrus）の方式**と呼んでいる．D や D_x のように，数を正方形に並べ横線ではさんだものを**行列式**，そのもとの多項式は**展開式**というのです．したがって，サラスの方式は行列式の展開の仕方です」

　「忘れないうちに，実例にあたってみたい」

例1　サラスの方式で，次の行列式の値を求めよ．

(1) $\begin{vmatrix} 5 & -2 \\ 4 & -3 \end{vmatrix}$　　(2) $\begin{vmatrix} 3 & 0 & -1 \\ 2 & 6 & 0 \\ 4 & -7 & 1 \end{vmatrix}$　　(3) $\begin{vmatrix} 0 & a & b \\ -a & 0 & c \\ -b & -c & 0 \end{vmatrix}$

解

(1) $\begin{vmatrix} 5 & -2 \\ 4 & -3 \end{vmatrix} = 5 \cdot (-3) - 4 \cdot (-2) = -7$

(2) $\begin{vmatrix} 3 & 0 & -1 \\ 2 & 6 & 0 \\ 4 & -7 & 1 \end{vmatrix} = 3 \cdot 6 \cdot 1 + 2 \cdot (-7) \cdot (-1) + 4 \cdot 0 \cdot 0$
$\qquad\qquad\qquad\quad -4 \cdot 6 \cdot (-1) - 2 \cdot 0 \cdot 1 - 3 \cdot (-7) \cdot 0 = 56$

(3) $\begin{vmatrix} 0 & a & b \\ -a & 0 & c \\ -b & -c & 0 \end{vmatrix} = 0 \cdot 0 \cdot 0 + (-a)(-c)b + (-b)ac$
$\qquad\qquad\qquad\quad -(-b) \cdot 0 \cdot b - (-a)a \cdot 0 - 0 \cdot c(-c) = 0$

例2　次の連立方程式を行列式を用いて解け．

(1) $\begin{cases} 7x + 2y = 44 \\ 5x + 3y = 22 \end{cases}$　　(2) $\begin{cases} x - 5y - 2z = 7 \\ x + 4y + z = -5 \\ 7x + 3y - z = 0 \end{cases}$

解　(1)

分母 $= \begin{vmatrix} 7 & 2 \\ 5 & 3 \end{vmatrix} = 21 - 10 = 11$

$$x \text{の分子} = \begin{vmatrix} 44 & 2 \\ 22 & 3 \end{vmatrix} = 88, \quad y \text{の分子} = \begin{vmatrix} 7 & 44 \\ 5 & 22 \end{vmatrix} = -66$$

$$\therefore \quad x = \frac{88}{11} = 8, \quad y = \frac{-66}{11} = -6$$

(2)
$$D = \begin{vmatrix} 1 & -5 & -2 \\ 1 & 4 & 1 \\ 7 & 3 & -1 \end{vmatrix} = 3 \quad D_x = \begin{vmatrix} 7 & -5 & -2 \\ -5 & 4 & 1 \\ 0 & 3 & -1 \end{vmatrix} = 6$$

$$D_y = \begin{vmatrix} 1 & 7 & -2 \\ 1 & -5 & 1 \\ 7 & 0 & -1 \end{vmatrix} = -9 \quad D_z = \begin{vmatrix} 1 & -5 & 7 \\ 1 & 4 & -5 \\ 7 & 3 & 0 \end{vmatrix} = 15$$

$$\therefore \quad x = \frac{6}{3} = 2, \quad y = \frac{-9}{3} = -3, \quad z = \frac{15}{3} = 5$$

2. 符号決定の謎を探る

「行列式をもっと大きなものへ拡大したい」

「4 元,5 元の場合を解いて予想しては？」

「それも 1 つ方法ではあるが,その計算はしんどい.それよりは,いままでに求めたものを再検討するのがよさそうです」

「2 元からはじめるか」

「いや,3 元のほうが,原理の発見にはよさそう.D の式に再登場願うとしょう.

$$D = a_2 b_3 c_1 - a_3 b_2 c_1 + a_3 b_1 c_2 - a_1 b_3 c_2 + a_1 b_2 c_3 - a_2 b_1 c_3$$

この式の特徴をもれなく見抜かねば……」

「第 1 の特徴は,どの項も 3 次.第 2 の特徴は,どの項にも a, b, c が 1 回現れる.第 3 の特徴は,どの項のサフィックスをみても 1, 2, 3 が 1 回ずつ現れる.そのほかに……」

「まだ項の符号をみていない.＋ のついたものが 3 つ,－ のついたものが 3 つで同数.これが第 4 の特徴.そこで問題は……」

「符号の付き方の謎を明かすことですね. ＋ の付いたものと − の付いたものに分けてみる」……

＋ の付いた項	− の付いた項
$a_2 b_3 c_1$ $a_3 b_1 c_2$ $a_1 b_2 c_3$	$a_3 b_2 c_1$ $a_1 b_3 c_2$ $a_2 b_1 c_3$

「文字の順はどれも a, b, c の順に整理してある. 違うのは数字 1, 2, 3 の順序だけ」

「だとすると, 謎を解くカギは数字の順序以外にはないはず. では, 両者の違いは何か, 1, 2, 3 をまともな順序とすると, その他はまともでない. 順序のまともでないところがいくつあるか. 謎の真相は, そこらしいが」

「その着眼はいけそうだ」

＋の付く場合			− の付く場合		
2 3 1	3 1 2	1 2 3	3 2 1	1 3 2	2 1 3
2 回	2 回	0 回	3 回	1 回	1 回

「当ってみる. 逆順の回数が偶数か奇数かの違い. ＋ の付く項では偶数, − の付く項では奇数」

「念のため, 2 元の方程式の場合に当ってみては…」

$$D = a_1 b_2 - a_2 b_1$$

1 2	2 1
0 回	1 回

「やっぱり合う. どうやら謎が解0回1回けたようです」
「行列式を一般化する道が開けた」

×　　　　　　　　　　×

自然数 $1, 2, 3, \dots\dots$ には大小順があるから, 小さいものから大きいものへと並べた順序を考えると, 一般の順列では, その順序に合わ

ないものが現れる．2数をくらべたときに順序が逆であったら2数の間に**転倒**があるという．

　順列は，その中の転倒の総数が奇数ならば**奇順列**，偶数ならば**偶順列**という．たとえば4つの数 $1, 2, 3, 4$ の順列

には4つの転倒があるから偶順列で，順列

$$3\ 1\ 4\ 2$$

には3つの転倒があるから奇順列である．

　3つの数 $1, 2, 3$ の順列でみると，その総数は $3! = 6$ 個で，そのうちの半分 $123, 231, 312$ は偶順列で，残りの半分 $132, 213, 321$ は奇順列であった．

　4つの数 $1, 2, 3, 4$ の順列でも，そうなるだろうか．その総数は $4! = 24$ である．それをすべて書き挙げ，転倒を調べてみると

偶順列	1 2 3 4	1 3 4 2	1 4 2 3	2 1 4 3	2 3 1 4	2 4 3 1
奇順列	1 2 4 3	1 3 2 4	1 4 3 2	2 1 3 4	2 3 4 1	2 4 1 3
偶順列	3 1 2 4	3 2 4 1	3 4 1 2	4 1 3 2	4 2 1 3	4 3 2 1
奇順列	3 1 4 2	3 2 1 4	3 4 2 1	4 1 2 3	4 2 3 1	4 3 1 2

偶順列と奇順列の個数はともに 12 個である．

　この謎を解明する1つの手掛りは，数字の交換と転倒との関係を知ることである，4132 は偶順列であるが，たとえば4と3を交換すると 3142 となり奇順列に変る．さらに2と4を交換すると 3124 となり偶順列に変る．

定理1　順列は2数を交換すると，偶順列は奇順列に，奇順列は偶順列に変る.

この証明は，2数が隣り合っているときがやさしいだろう. それが済めば，それを手掛りとして，隣り合わない場合へ.

（証明）　<u>2数が隣り合っているとき</u>　その2数を i,j とすると，i,j を交換しても，i,j とその両側の数との大小順には影響がない. したがって転倒の変化は i との間でのみ起きる.

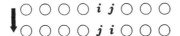

もし $i<j$ であったとすると，交換によって転倒が1つ増す. また $i>j$ であったとすると，交換によって転倒は1つ減る. あきらかに順列の奇偶もいれかわる.

2数が離れているとき，2数 i,j の間に，たとえば3個の数が並んでいて，i の右に j があるとしましょう.

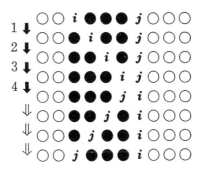

i をその右隣りの数と交換することを $3+1=4$ 回繰り返すと i は j の右隣りに移る.

12

次に j をと左隣りの数と交換することを3回繰り返すと，j は i のもとの位置に戻る．これで i, j の交換は達せられた．この交換の仕方はそのまま一般の場合にあてはまる．i と j 間に n 個の数があったとすると，隣り合った2数の交換の回数は，はじめに $n+1$ 回，あとに n 回，合せて $2n+1$ 回で，つねに奇数回である．隣り合う2数を交換するごとに順列の奇偶はいれかわるのだから，交換が奇数回ならば最後の順列は最初の順列と奇偶がいれかわる．（証明終り）

$$\times \qquad\qquad \times$$

これで，先に保留してあった課題の解明に立ち向う準備ができた．その課題とは，次の定理である．

定理2　n 個の数 $1, 2, 3, \cdots, n$ のすべての順列において，偶順列の個数と奇順列の個数とは等しく，ともに $\dfrac{n!}{2}$ である．

（証明）　n 個の数の順列の総数は $n!$ であるから，そのうち偶順列の個数を x，奇順列の個数を y とすれば

$$x + y = n!$$

である．

偶順列のすべてに対して2文字の交換を1回行うと，すべて奇順列にかわるから

$$x \leqq y$$

である．

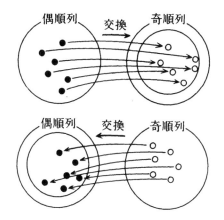

　次に奇順列のすべてに対して2文字の交換を1回行ったとすると，すべて偶順列にかわるから

$$x \geqq y$$

である．

　よって上の2式から $x = y$

$$\therefore x = y = \frac{n!}{2}$$　　　　　　　　（証明終り）

　ここで，ひとまず区切りをつけ，新しい記号の導入へ．

　　　　　　　　　×　　　　　　　　　×

　「順列の奇偶を調べることになった動機は，式の項に，＋，－ の符号をつけるためであった．サフィックスが偶順列なら ＋，奇順列なら － をつける．ところが ＋，－ をつけることは，＋，－ を掛けることと同じ，そこで，次の対応を考える」

$$偶順列 \longmapsto +1$$
$$奇順列 \longmapsto -1$$

　「この対応は写像を作りますね」

　「そう．順列の集合から $\{+1, -1\}$ への写像です」

14

「写像なら記号がほしい」

「それは当然の要求．そこで，その写像を ε で表し，順列の**符号関数**と呼ぶことにしよう．たとえば $1, 2, 3$ の順列で

$$2\ 3\ 1\ は偶順列だから \quad \varepsilon(2\ 3\ 1) = +1$$
$$3\ 2\ 1\ は奇順列だから \quad \varepsilon(3\ 2\ 1) = -1$$

というように表す．この 2 式から $\varepsilon(2\ 3\ 1) = -\varepsilon(3\ 2\ 1)$，これは $\varepsilon(2\ 3\ 1) = (-1)\varepsilon(3\ 2\ 1)$ とかくこともできる．前に知った定理によると，順列は 2 数の交換を 1 回行うと，奇偶が変った．たとえば順列 $i\ j\ k$ で i と k を交換して順列 $k\ j\ i$ を作ったとすると，一方は奇で他方は偶だから

$$\varepsilon(i\ j\ k) = -\varepsilon(k\ j\ i)$$

そこで，順列 $i\ j\ k$ に n 回の交換を行った結果順列 $p\ q\ r$ になったとすると $\varepsilon(i\ j\ k)$ と $\varepsilon(p\ q\ r)$ の関係は?」

「それはやさしい．$\varepsilon(i\ j\ k) = (-1)^n \varepsilon(p\ q\ r)$ です」

「$(-1)^n$ は反対側につけ $(-1)^n \varepsilon(i\ j\ k) = \varepsilon(p\ q\ r)$ と表すこともできる」

例 3 n 回の交換で順列 $i\ j\ k$ は $1\ 2\ 3$ に変り，同じ交換で順列 $1\ 2\ 3$ は $p\ q\ r$ に変ったとすると $\varepsilon(i\ j\ k)$ と $\varepsilon(p\ q\ r)$ の間にはどんな関係式が成り立つか．

解 $\varepsilon(1\ 2\ 3) = (-1)^n \varepsilon(i\ j\ k)$

$\varepsilon(p\ q\ r) = (-1)^n \varepsilon(1\ 2\ 3)$

この 2 式から $\varepsilon(1\ 2\ 3)$ を消去すると

$$\varepsilon(p\ q\ r) = (-1)^{2n} \varepsilon(i\ j\ k)$$
$$\therefore \quad \varepsilon(p\ q\ r) = \varepsilon(i\ j\ k)$$

例4 次の式の符号を求めよ.

(1) $\varepsilon(2\ 1)$ $\varepsilon(3\ 2\ 1)$ $\varepsilon(4\ 3\ 2\ 1)$ $\varepsilon(5\ 4\ 3\ 2\ 1)$.

(2) $\varepsilon(n, n-1, \cdots, 3, 2, 1)$

解 (1) 順列の転倒を調べると, それぞれ $1, 3, 6, 10$ であるから

$$\varepsilon(2\ 1) = (-1)^1 = -1, \qquad \varepsilon(3\ 2\ 1) = (-1)^3 = -1$$
$$\varepsilon(4\ 3\ 2\ 1) = (-1)^6 = 1, \quad \varepsilon(5\ 4\ 3\ 2\ 1) = (-1)^{10} = 1$$

(2) 転倒の数を右から順に数えると, 2 では $1, 3$ では $2, 4$ では $3, \cdots\cdots, n$ では $n-1$ であるから, 総数は

$$1 + 2 + 3 + \cdots\cdots + (n-1) = \frac{n(n-1)}{2}$$
$$\therefore\ \ \varepsilon(n, n-1, \cdots\cdots, 3, 2, 1) = (-1)^{\frac{n(n-1)}{2}}$$

$$\times \qquad\qquad\qquad\qquad \times$$

「順列を表すのに, (1) にはカンマがなく, (2) にはある. どちらが正しいのですか」

「正しい, 正しくないの問題ではない, 便宜的なものだ. カンマは要するに区切りをつけるだけのものです. 必要ならばつけるし, 必要がなければ省けばよい」

「そんな不統一……数学らしくない……それに気持が悪い」

「君の頭は受験数学に毒されているよ. かなり重体だ. 状況に応じ対応するようになってほしい. 1 けたの数の順列ならば

$$8\ 1\ 6\ 5\ 4\ 2\ 3\ 7$$

のように (,) は不要. しかし 2 けたの数が入り込めば

$$2, 9, 12, 4, 5, 1, 6, 7, 10, 8, 3, 11$$

のように (,) がほしくなる. (2) のような文字のときも $n-1$ や $n-2$ が現れるときは (,) がほしい」

「なるほど，僕は石頭らしい」

「数ベクトルでも同じこと．$(3, -2)$ は $(3 - 2)$ でもよい」

3. 一般の行列式の定義

「正方形に並べた 9 個の数を表すのに，いままでは，サフィックスを $1, 2, 3$ とかえるほかに文字を a, b, c とかえた．この方式は一般化に向かない．そこで……」

「なぜ一般化に向かないのか」

「一般に n 個の数を並べるとき $a, b, c,$ としたのでは，最後の数を表す文字の選択で行詰る」

$$\begin{vmatrix} a_1 & b_1 & c_1 \\ a_2 & b_2 & c_2 \\ a_3 & b_3 & c_3 \end{vmatrix} \xrightarrow[\substack{\text{一般化のため}\\ \text{の表貨の変更}}]{} \begin{vmatrix} a_{11} & a_{12} & a_{13} \\ a_{21} & a_{22} & a_{23} \\ a_{31} & a_{32} & a_{33} \end{vmatrix}$$

「それで，サフィックスを 2 重にするのか」

「2 数の組 ij をサフィックスにとり a_{ij} のように表し，i と j を自由にかえることに

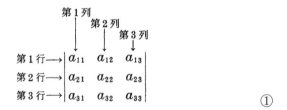

①

「i, j のどちらを行の番号にするのか」

「約束の仕方は自由だが，数学には慣用がある．i で行の番号を，j で列の番号を表すのが慣用です」

「約束と割り切られても，僕の頭はおいそれとついて行けない」

「慣れの問題だ．そのうち身につくよ．たとえば i を 2 に固定し j を $1, 2, 3$ とかえた $a_{21}a_{22}a_{23}$ は第 2 行の数．また j を 2 に固定し i を $1, 2, 3$ とかえた $a_{12}a_{22}a_{32}$ は第 2 列の数」

$$a_{i1} \quad a_{i2} \quad a_{i3} \xleftarrow[\substack{i\text{を固定し}\\ j\text{をかえる}}]{} a_{ij} \xrightarrow[\substack{j\text{を固定し}\\ i\text{をかえる}}]{} \begin{matrix} a_{1j} \\ a_{2j} \\ a_{3j} \end{matrix} \; \text{第} j \text{列}$$
第 i 行

「僕には図解が有難い」

$$\times \qquad\qquad\qquad \times$$

「数を正方形に並べただけでは，まだ行列式でない．行列式に育てるには，これが 1 つの数を表すように，つまり，これに 1 つの数が対応するようにしなければならない」

「その数の求め方が核心ですね」

「それには，こうすればよいのだ．

第 1 行から 1 つの数を選ぶ……それを a_{1i} とする．

第 2 行では第 i 列以外の数を 1 つ選ぶ……それを a_{2j} とする．

第 3 行では第 i, j 列以外の数を 1 つ選ぶ……それを a_{3k} とする．選び出した順序をくずさずに，これらの数の積

$$a_{1i} \quad a_{2j} \quad a_{3k}$$

を作る．さて，このような積はいく通りできるか」

「i, j, k は $1, 2, 3$ から選んだ数で，しかも，同じ数がない．それを並べれば $1, 2, 3$ の順列で，その個数は 3!=6」

「念のため，それをすべて書いてごらん」

「$i = 1$ のとき $a_{11}\ a_{2j}\ a_{3k} \longrightarrow a_{11}\ a_{22}\ a_{33}\quad a_{11}\ a_{23}\ a_{32}$

　$i = 2$ のとき $a_{12}\ a_{2j}\ a_{3k} \longrightarrow a_{12}\ a_{21}\ a_{33}\quad a_{12}\ a_{23}\ a_{31}$

　$i = 3$ のとき $a_{13}\ a_{2j}\ a_{3k} \longrightarrow a_{13}\ a_{21}\ a_{32}\quad a_{13}\ a_{22}\ a_{31}$」

「何度もつまずいた．第 1 のサフィックスは 1 2 3 の順にきまっているのだから，はじめに $a_1\ a_2\ a_3$ とかき，次に第 2 のサフィック

18

スを補う……この要領でゆけばやさしいのに．さて，次は，それら
の積に符号をつける」

「その備準が前にあった．$a_{1i}a_{2j}a_{3k}$ に，$j\,i\,k$ が偶順列ならば $+$，
奇順列ならば $-$ をつけるのでしょう」

「それはそうだが，それでは順列の符号関数が生かされない」

「そうか．$\varepsilon(i\,j\,k)$ をつけて

$$\varepsilon(i\,j\,k)a_{1i}a_{2j}a_{3k}$$

とすればよい」

$$\sum \varepsilon(i\,j\,k)a_{1i}a_{2j}a_{3k} \qquad ②$$

見かけはいかめしいが，内容はそれほどでもない」

「くわしくは $i\,j\,k$ が $1,2,3$ のすべての順列をとるときの総和です
が……」

「そんな長いものを書き添えようがない」

「だから省略して，見る人にまかせる」

「よしなに読みとれ，とはずるい」

「前後の文脈から分るものですよ．もし誤解されそうなら，並べ
る数だけを Σ の下に書いて

$$\sum_{1,2,3} \quad または \quad \sum_{1<2<3}$$

とでもすればよい．しかし，それも煩しいから，よくよく困らない
限り，裸の Σ でゆこうじゃないか」

「裸の Σ とは，楽しいよ」

「いま作った Σ 付きの式②は 1 つの数である．先の正方形に数を
並べたもの①が，この 1 つの数を表すときめたとき，①を**行列式**と
いうのです．並べた数は**成分**または**要素**というが，これからは成分
に統一しよう．行列式は行と列の数は等しい．行と列がともに 3 つ
のものは 3 次行列式というように呼ぶ」

$$3 \text{ 次の行列式 } \begin{vmatrix} a_{11} & a_{12} & a_{13} \\ a_{21} & a_{22} & a_{23} \\ a_{31} & a_{32} & a_{33} \end{vmatrix} = \sum \varepsilon(\underset{\substack{\uparrow \\ 1,2,3 \text{ のすべての順列}}}{i\ j\ k})a_{1i}a_{2j}a_{3k}$$

展　開　式

「4 次の行列式は僕がかいてみよう」

$$4 \text{ 次の行列式 } \begin{vmatrix} a_{11} & a_{12} & a_{13} & a_{14} \\ a_{21} & a_{22} & a_{23} & a_{24} \\ a_{31} & a_{32} & a_{33} & a_{34} \\ a_{41} & a_{42} & a_{43} & a_{44} \end{vmatrix} = \sum \varepsilon(\underset{\substack{\uparrow \\ 1,2,3,4 \text{ のすべての順列}}}{i\ j\ k\ l})a_{1i}a_{2j}a_{3k}a_{4l}$$

展　開　式

「4 次の行列式でも，サラスの方式は有効か」

「残念なことに，それがダメ」

「それはなぜです？」

「展開式の項の個数をくらべてごらん」

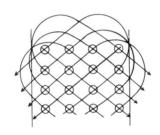

「4! = 24，すごい」

「ところが，サラスの方式だと項は 8 つしか求まらない」

「サラスの神通力も及ばないとは無念……しかし 24 個の項をすべて求めるのは大変な労力……名案がないのですか」

「ある．行列式の性質を探り出し，応用する道．その解明が次の課題なのだ」

練習問題 1

1 次の行列式の値をサラスの方式で求めよ.

(1) $\begin{vmatrix} 5 & 2 \\ 3 & 4 \end{vmatrix}$
(2) $\begin{vmatrix} -4 & -5 \\ 6 & 7 \end{vmatrix}$
(3) $\begin{vmatrix} a & -b \\ b & a \end{vmatrix}$

(4) $\begin{vmatrix} \cos\theta & -\sin\theta \\ \sin\theta & \cos\theta \end{vmatrix}$
(5) $\begin{vmatrix} \sec\theta & \tan\theta \\ \tan\theta & \sec\theta \end{vmatrix}$
(6) $\begin{vmatrix} a+bi & c-di \\ -c-di & a-bi \end{vmatrix}$

2 次の行列式の値をサラスの方式で求めよ.

(1) $\begin{vmatrix} 1 & 2 & 9 \\ 3 & 8 & 7 \\ 6 & 5 & 4 \end{vmatrix}$
(2) $\begin{vmatrix} 1 & 2 & -1 \\ -1 & 1 & 2 \\ 2 & -1 & 1 \end{vmatrix}$
(3) $\begin{vmatrix} 0 & -1 & -3 \\ -5 & 0 & 4 \\ 7 & -2 & 0 \end{vmatrix}$

(4) $\begin{vmatrix} 0 & a & b \\ b & c & 0 \\ a & 0 & c \end{vmatrix}$
(5) $\begin{vmatrix} a & -b & 1 \\ 1 & -b & -c \\ a & 1 & c \end{vmatrix}$
(6) $\begin{vmatrix} 1 & -a & b \\ a & 1 & -c \\ -b & c & 1 \end{vmatrix}$

(7) $\begin{vmatrix} a & b & c \\ c & a & b \\ b & c & a \end{vmatrix}$
(8) $\begin{vmatrix} 1 & a & b+c \\ 1 & b & c+a \\ 1 & c & a+b \end{vmatrix}$

3 $\begin{vmatrix} a_{11} & a_{12} & a_{13} & a_{14} \\ a_{21} & a_{22} & a_{23} & a_{24} \\ a_{31} & a_{32} & a_{33} & a_{34} \\ a_{41} & a_{42} & a_{43} & a_{44} \end{vmatrix} = \begin{vmatrix} 2 & -7 & 3 & 5 \\ 5 & 0 & 4 & -1 \\ 4 & 7 & -6 & 8 \\ 6 & -8 & -2 & 9 \end{vmatrix}$

上の行列式で, 次の項の値を求めよ.

(1) □ a_{13} a_{21} a_{34} a_{42}

(2) □ a_{14} a_{22} a_{31} a_{43}

(3) □ a_{14} a_{23} a_{32} a_{41}

ただし □ は符号を示す.

§2. 行列式の性質

1．行列式の転置性

「行列式は行と列とは平等らしい．これいままでの学習過程からの，僕の予想……ささやかではあるが」

「予想の検討は実例で……3次の行列式の定義でみると，その展開式の項の作り方は，はじめに行を定め，次に列を選んだ．

第1行で，1つの成分 a_{1i} を選び

第2行では，第 i 列以外の1つの成分 a_{2j} を選び

第3行では，第 i,j 列以外から1つの成分 a_{3k} を選ぶ

しかも，この選んだ順序をくずさずに積 $a_{1i}a_{2j}a_{3k}$ を作った．だから，第1のサフィックスの順序は常に123で変らない」

「選び方を逆にして……列を先に定め，次に行を選んでも，差支えないだろうというのが僕の予想です．

第1列で，1つの成分 a_{p1} を選び

第2列では，第 p 行以外から1つの成分 a_{q2} を選び

第3列では，第 p,q 以外から1つの成分 a_{r3} を選ぶ

この選んだ順序をくずさずに積 $a_{p1}a_{q2}a_{r3}$ を作る．この選び方によると，第2のサフィックスは123のままで，第1のサフィックスの順序だけが変わる．この場合の展開式は前のものと一致するか？」

「案ずるよりは生むが早い．実際に展開式を作ってみては」

「行を先に選んだときは

$$a_{11}a_{22}a_{33} - a_{11}a_{23}a_{32} + a_{12}a_{23}a_{31} - a_{12}a_{21}a_{33} + a_{13}a_{21}a_{32}$$
$$- a_{13}a_{22}a_{31}$$

列を先に選んだときは

$$a_{11}a_{22}a_{33} - a_{11}a_{32}a_{23} + a_{21}a_{32}a_{13} - a_{21}a_{12}a_{33} + a_{31}a_{12}a_{23}$$
$$- a_{31}a_{22}a_{13}$$

くらべてみると，項の中の文字の順序と項の順序を無視すれば一致

し，値が等しい．予想が当った」

「列を先に選ぶことは，行と列をいれかえた行列式でみれば，行を先に選ぶことと同じ．そこで，次の定理へ」

定理3　行列式は行と列をすべて入れかえても，その値は変らない．
　　　　　　　　　　　　　　　　　　　　　　　転置性

証明のリサーチ

3次の行列式で考え，一般化は読者の課題としよう．行列式 D の行と列を入れかえたものを D' とし，成分を次のように表してみる．

$$D = \begin{vmatrix} a_{11} & a_{12} & a_{13} \\ a_{21} & a_{22} & a_{23} \\ a_{31} & a_{32} & a_{33} \end{vmatrix} \xrightarrow[\text{入れかえ}]{\text{行と列の}} D' = \begin{vmatrix} b_{11} & b_{12} & b_{13} \\ b_{21} & b_{22} & b_{23} \\ b_{31} & b_{32} & b_{33} \end{vmatrix}$$

行列式の定義によると，D' の展開式は

$$D' = \sum \varepsilon(pqr) b_{1p} b_{2q} b_{3r}$$

ところが行と列の入れかえによって D の a_{ij} は D' の b_{ji} になるから，D は a を用いて書くと

$$D' = \sum \varepsilon(pqr) a_{p1} a_{q2} a_{r3}$$

これを D の展開式にかえるには a_{p1}, a_{q2}, a_{r3} の順序をかえ，第1のサフィックスの順列 $p\,q\,r$ が123になるようにすればよい．このとき第2のサフィックスが順列123から $i\,j\,k$ にかわったとすると，前に学んだことから

$$\varepsilon(p\ q\ r) = \varepsilon(i\ i\ k)$$
$$\therefore D' = \sum \varepsilon(i\ j\ k) a_{1i} a_{2j} a_{3k}$$

24

と書きかえられる．この式は定義によると D の展開式である．

$$\therefore D' = D$$

×　　　　　×

行列式の行と列をいれかえて作った第2の行列式を，もとの行列式の**転置行列式**という．

行列式では，正方形の右下りの対角線を**主対角線**といい，この線上の成分を**対角成分**という．転置行列式を作ることは，もとの行列式の成分を主対角線に関して対称に移すことと同じである．

$$\begin{vmatrix} a_{11} & a_{12} & a_{13} \\ a_{21} & a_{22} & a_{23} \\ a_{31} & a_{32} & a_{33} \end{vmatrix} \xrightarrow{\text{転置を行う}} \begin{vmatrix} a_{11} & a_{21} & a_{31} \\ a_{12} & a_{22} & a_{32} \\ a_{13} & a_{23} & a_{33} \end{vmatrix}$$

主対角線　　転置行列式

2つ成分 a_{ij} と a_{ji} とは $i \neq j$ のときは，転置によっていれかわる．$i = j$ のとき a_{ij} は a_{ii} となり対角成分であって，転置を行っても位置をかえない．

×　　　　　×

「これからは，つねに2重サフィックスの方式によるのか」

「いや，そうとは限らない．幸にして，行列式には転置性がある．だから行は文字をかえ，列は数字にしても，逆に，列は文字をかえ，行は数字にしても差し支えない」

$$\begin{vmatrix} a_1 & a_2 & a_3 \\ b_1 & b_2 & b_3 \\ c_1 & c_2 & c_3 \end{vmatrix} \qquad \begin{vmatrix} a_1 & b_1 & c_1 \\ a_2 & b_2 & c_2 \\ a_3 & b_3 & c_3 \end{vmatrix}$$

「目的に応じ使い分ける?」

「そう．サフィックスを2重につける方式は，n 次のときは欠かせないが，3次や4次では，煩しいことが多い」

「転置性は有難い．行について成り立つことは列についても成り立つことを保証する．この逆コースも……

「思考の節約……半分で済む．行列式の性質は，これから次々と現れるが，行か列の一方について考えれば十分……」

$$\boxed{\text{行について成り}\atop\text{立つこと}} \xleftarrow[\text{転置性}]{} \boxed{\text{列について成り}\atop\text{立つこと}}$$

「行列式の値を求めるとき，転置性をどのように使うのか」

「直接の効用は乏しい．行列式の積が現れればチャンスはあるが本命は理論上のものです．いまのところ，続いて挙げるとすれば，たとえば，

$$\begin{vmatrix} a+b+c & a+b+c & a+b+c \\ b & c & a \\ c & a & b \end{vmatrix}$$

こんな行列式でしょう，このままでは，しまりがなく，場所をとる．転置を行うと

$$\begin{vmatrix} a+b+c & b & c \\ a+b+c & c & a \\ a+b+c & a & b \end{vmatrix}$$

このように小さくなる．まあ，この程度で……」

2. 行列式の交代性

「行列式は順列と関係が深い．順列は2つの数を交換すると，奇順列と偶順列が入れかわった．この性質は行列式へ，どのように反映するのか」

「それは符号関数の変化……+1 と −1 の入れかわる……行列式の符号が変わるはず．それが次の定理です」

26

定理 4 行列式の 2 つの列の成分をすべて交換すれば, 行列式の値は符号だけで変る. 行についても同じ.　　　　　　　　**交代性**

たとえば, 3 次の行列式で第 2 列と第 3 列の成分を交換すると

$$D = \begin{vmatrix} a_1 & b_1 & c_1 \\ a_2 & b_2 & c_2 \\ a_3 & b_3 & c_3 \end{vmatrix} \text{ のとき } D' = \begin{vmatrix} a_1 & c_1 & b_1 \\ a_2 & c_2 & b_2 \\ a_3 & c_3 & b_3 \end{vmatrix} = -D$$

証明のリサーチ

行列式 D' の展開式は

$$D' = \sum \varepsilon(ijk)a_i c_j b_k$$

この式で b_k と c_j を交換すると

$$D' = \sum \varepsilon(ijk)a_i b_k c_j$$

ところが $q(ijk) = -\varepsilon(ikj)$ であるから

$$D' = -\sum \varepsilon(ikj)a_i b_k c_j = -D$$

以上で知った定理から, 行列式の値を求めるのに有効な 1 つの性質が導かれる.

定理 5 行列式は 2 つ列の対応する成分がそれぞれ等しいならば, その値は 0 に等しい. 行についても同じ.

たとえば，第2列と第3列の一致する3次の行列式では

$$D = \begin{vmatrix} a_1 & b_1 & b_1 \\ a_2 & b_2 & b_2 \\ a_3 & b_3 & b_3 \end{vmatrix} = 0$$

証明のリサーチ

D の第2列と第3列を交換したものを D' とする．D' は D と全く同じ行列式だから $D' = D$，一方交代性によると，D' は D と符号だけ違うのだから $D' = -D$, 2 式から

$$D = -D \quad \therefore D = 0$$

$$D = \begin{vmatrix} a & x & a \\ b & y & b \\ c & z & c \end{vmatrix}$$

たとえば，右の行列式は 0 であることをサラスの方式で展開し確めてみる．

$$D = ayc + bza + cxb$$
$$- ayc - bxc - azb = 0$$

3. 行列式の線形性

「展開式の作り方を振り返ってみると，どの項を作るときも，列から1つずつ成分を選んだ．だから，展開式は1つの列の成分の同次の1次式になる」

「そういわれても，式をこの目でみないとピンとこない」

28

「そうか. それでは, この 3 次行列式

$$D = \begin{vmatrix} a_1 & b_1 & c_1 \\ a_2 & b_2 & c_2 \\ a_3 & b_3 & c_3 \end{vmatrix}$$

で考えよう. 項は $a_i b_j c_k$ だから, どの項も文字 a を含む. ということは, どの項も第 1 列の成分を 1 つずつ含むこと……だから a_1, a_2, a_3 についての同次の 1 次式だ」

「僕は実感派……実物を完全に作って確めたい. サラスの方式で……

$$D = a_1 b_2 c_3 + a_2 b_3 c_1 + a_3 b_1 c_2 - a_3 b_2 c_1 - a_2 b_1 c_3 - a_1 b_3 c_2$$

$$= (b_2 c_3 - b_3 c_2) a_1 + (b_3 c_1 - b_1 c_3) a_2 + (b_1 c_2 - b_2 c_1) a_3$$

なるほど a_1, a_2, a_3 についての同次の 1 次式だ」

「係数を順に L, M, N で表せば

$$D = La_1 + Ma_2 + Na_3$$

となって見やすい, それに君の実感も高まるというものだ」

「どの列についても同じだから

　第 2 列でみれば $D = (\ \ )b_1 + (\ \ )b_2 + (\ \ )b_3$

　第 3 列でみれば $D = (\ \ )c_1 + (\ \ )c_2 + (\ \ )c_3$

これは予想外の特徴です」

「a_1, a_2, a_3 の同次の 1 次ｓ式の別の名は線形結合で, この式の持っている性質を線形性というのです」

「じゃ, 行列式には線形性がある. 線形性の内容は？」

「それを明かにするのが次の目標……」

定理 6　行列式の 1 つの列のすべての成分を k 倍したものは, もとの行列式の値の k 倍に等しい. 行についても同じ.　**線形性（ⅰ）**

たとえば，3次の行列式で，第2列または第2行を k 倍したとすると

$$\begin{vmatrix} a_1 & kb_1 & c_1 \\ a_2 & kb_2 & c_2 \\ a_3 & kb_3 & c_3 \end{vmatrix} = \begin{vmatrix} a_1 & b_1 & c_1 \\ ka_2 & kb_2 & kc_2 \\ a_3 & b_3 & c_3 \end{vmatrix} = k \begin{vmatrix} a_1 & b_1 & c_1 \\ a_2 & b_2 & c_2 \\ a_3 & b_3 & c_3 \end{vmatrix}$$

証明のリサーチ

　第1の行列式を展開した式を第2列の成分について整理したものは，それらの成分についての同次の1次式であるから

$$Lkb_1 + Mkb_2 + Nkb_3$$

とおくことができる．書きかえると

$$k(Lb_1 + Mb_2 + Nb_3)$$

これは第3の行列式を展開したものである．

　例5　次の行列式の値を求めよ.

(1) $D = \begin{vmatrix} 4 & -5 & 3 \\ -8 & 10 & 1 \\ 12 & -15 & 2 \end{vmatrix}$ 　(2) $D = \begin{vmatrix} ac & bc & c^2 \\ bc & b^2 & ab \\ a^2 & ab & ac \end{vmatrix}$

　解　(1)
$$D = \begin{vmatrix} 4 & -5 & 3 \\ -8 & 10 & 1 \\ 12 & -15 & 2 \end{vmatrix} = 4 \cdot (-5) \begin{vmatrix} 1 & 1 & 3 \\ -2 & -2 & 1 \\ 3 & 3 & 2 \end{vmatrix} = 0$$

第1列から4，第2列から −5 を外へ出す　$\longrightarrow$　第1列と第2列が等しい

30

$$(2)\quad D = \begin{vmatrix} ac & bc & c^2 \\ bc & b^2 & ab \\ a^2 & ab & ac \end{vmatrix} = abc \begin{vmatrix} a & b & c \\ c & b & a \\ a & b & c \end{vmatrix} = 0$$

第1行から c, 第2行から b,　　　　第1行と第3行
第3行から a を外へ出す　　$\longrightarrow$　が等しい
　　　　×　　　　　　　　　　　　　×

「こんな計算をやっておれば，定理としてまとめておきたいものが，おのずと頭に浮んでくるはず」

定理7　行列式は2つの列が比例するならば，その値は0に等しい．行についても同じ.

$$\begin{vmatrix} hp & kp & a \\ hq & kq & b \\ hr & kr & c \end{vmatrix} = hk \begin{vmatrix} p & p & a \\ q & q & b \\ r & r & c \end{vmatrix} = 0$$

　　　　比例する　　　　　　等しい
　　　　×　　　　　　　　　×

「比例するときけば比が頭に浮かぶ．2組の数 a_1, a_2, a_3 と b_1, b_2, b_3 が比例するというのは $a_1 : a_2 : a_3 = b_1 : b_2 : b_3$ となること？それとも $a_1 : b_1 = a_2 : b_2 = a_3 : b_3$ となること？」

「君のは古典的だ．比を持ち出すと，0が現れたときに話がこじれる．比例するは比を連想するよりは関数としての比例を連想するようであってほしい」

「関数の比例なら $y = kx$ ですね」

「そう，$x = a_1, a_2, a_3$ となったとき $y = b_1, b_2, b_3$ となる．もちろん，反対に $x = b_1, b_2, b_3$ のとき $y = a_1, a_2, a_3$ となる場合も認めるのです」

「まとめて $b_i = ka_i$ または $a_i = kb_i$ となることですね」

「くわしくは，それをみたす k がある場合，ベクトルでみると，

もっと簡単で，$\boldsymbol{a}=(a_1,a_2,a_3)$ と $\boldsymbol{b}=(b_1,b_2,b_3)$ が線形結合の場合でよいが，いまは深入りしない」

×　　　　　　×

「線形性（ i ）から簡単に導かれるものに，次の定理がある．いたって平凡に見えるが応用上は重宝なものだ」

定理 8　行列式は 1 つの列の成分がすべて 0 ならば，その値は 0 である．行の場合も同じ．

たとえば，3 次の行列式でみると

$$D=\begin{vmatrix} a_1 & 0 & c_1 \\ a_2 & 0 & c_2 \\ a_3 & 0 & c_3 \end{vmatrix}=0, \quad D'=\begin{vmatrix} a_1 & b_1 & c_1 \\ 0 & 0 & 0 \\ a_3 & b_3 & c_3 \end{vmatrix}=0$$

証明のリサーチ

線形性（ i ）で，とくに $k=0$ とした場合にあたる．0 はどんな数にかけても 0 だから

$$D=\begin{vmatrix} a_1 & 0\times b_1 & c_1 \\ a_2 & 0\times b_2 & c_2 \\ a_3 & 0\times b_3 & c_3 \end{vmatrix}=0\times\begin{vmatrix} a_1 & b_1 & c_1 \\ a_2 & b_2 & c_2 \\ a_3 & b_3 & c_3 \end{vmatrix}=0$$

もっと源へもどり，行列式 D の展開式を第 2 列の成分について整理したと考えれば $D=L\cdot0+M\cdot0+N\cdot0=0$ で，なんだ，そんなことか，となろう．

×　　　　　　×

「線形性の本命は次の定理で，応用の広さは，いままでのものとは比較にならない」

定理9 行列式の第 i 列が2組の数の和になっているときは，各組の数を第 i 列とし，他の列はもとのままの2つの行列式の和に分けることができる．行においても同じ． **線形性（ⅱ）**

「何度読み返しても，なんのことかわからない」

「ごもっとも．文章による表現の限界が身に沁みる感じだ．式によればドンピシャリと表現できる．3次行列式の第2列でみると

$$
\begin{vmatrix} a_1 & b_1+b_1{}' & c_1 \\ a_2 & b_2+b_2{}' & c_2 \\ a_3 & b_3+b_3{}' & c_3 \end{vmatrix} = \begin{vmatrix} a_1 & b_1 & c_1 \\ a_2 & b_2 & c_2 \\ a_3 & b_3 & c_3 \end{vmatrix} + \begin{vmatrix} a_1 & b_1{}' & c_1 \\ a_2 & b_2{}' & c_2 \\ a_3 & b_3{}' & c_3 \end{vmatrix} \quad ①
$$

また第2行でみれば

$$
\begin{vmatrix} a_1 & b_1 & c_1 \\ a_2+a_2{}' & b_2+b_2{}' & c_2+c_2{}' \\ a_3 & b_3 & c_3 \end{vmatrix} = \begin{vmatrix} a_1 & b_1 & c_1 \\ a_2 & b_2 & c_2 \\ a_3 & b_3 & c_3 \end{vmatrix} + \begin{vmatrix} a_1 & b_1 & c_1 \\ a_2{}' & b_2{}' & c_2{}' \\ a_3 & b_3 & c_3 \end{vmatrix} \quad ②
$$

これで定理の内容が読めたと思うが……」

「定理がわかったが証明は手ごわいよう」

「それが意外……同次1次式の特徴から簡単に出る．列の場合①をみよう．左辺の展開式は第2列の成分の同次1次式であるから

$$
左辺 = L(b_1+b_1') + M(b_2+b_2') + N(b_3+b_3')
$$

とおける．これは

$$
左辺 = (Lb_1+Mb_2+Nb_3) + (Lb_1'+Mb_2'+Nb_3')
$$

と書きかえられる」

「おや，この式は右辺の2つの行列式の展開式を第2列の成分について別々に整理したものですね」

「そう．①の証明は，これで終りです」

「これなら，証明の一般化はやさしい」

例6　次の行列式の値を求めよ．

$$D = \begin{vmatrix} b+c & b^2 & c^2 \\ c+a & bc & ac \\ a+b & ab & bc \end{vmatrix}$$

解　定理によって2つの行列式に分解すると

$$D = \begin{vmatrix} b & b^2 & c^2 \\ c & bc & ac \\ a & ab & bc \end{vmatrix} + \begin{vmatrix} c & b^2 & c^2 \\ a & bc & ac \\ b & ab & bc \end{vmatrix}$$

第2列から b，第3列から c を外へ出すと

$$D = bc \begin{vmatrix} b & b & c \\ c & c & a \\ a & a & b \end{vmatrix} + bc \begin{vmatrix} c & b & c \\ a & c & a \\ b & a & b \end{vmatrix}$$

はじめの行列式では第1列と第2列，あとの行列式では第1列と第3列が一致するから，値はともに0である．

$$\therefore D = bc \cdot 0 + bc \cdot 0 = 0$$

定理10　行列式は1つの列に他の列の k 倍を加えても値は変らない．行についても同じ．

「具体例でみよう．たとえば 3 次の行列式

$$D = \begin{vmatrix} a_1 & b_1 & c_1 \\ a_2 & b_2 & c_2 \\ a_3 & b_3 & c_3 \end{vmatrix}$$

で，第 2 列に第 3 列の k 倍を加えたものは

$$D' = \begin{vmatrix} a_1 & b_1 + kc_1 & c_1 \\ a_2 & b_2 + kc_2 & c_2 \\ a_3 & k_3 + kc_3 & c_3 \end{vmatrix} = \begin{vmatrix} a_1 & b_1 & c_1 \\ a_2 & b_2 & c_2 \\ a_3 & b_3 & c_3 \end{vmatrix} + \begin{vmatrix} a_1 & kc_1 & c_1 \\ a_2 & kc_2 & c_2 \\ a_3 & kc_3 & c_3 \end{vmatrix}$$

右端の行列式は第 2 列と第 3 列が比例するから値は 0 である．

$$D' = D$$

また，第 1 行に第 3 行の k 倍を加えたものは

$$D'' = \begin{vmatrix} a_1 + ka_3 & b_1 + kb_3 & c_1 + kc_3 \\ a_2 & b_2 & c_2 \\ a_3 & b_3 & c_3 \end{vmatrix}$$

$$= \begin{vmatrix} a_1 & b_1 & c_1 \\ a_2 & b_2 & c_2 \\ a_3 & b_3 & c_3 \end{vmatrix} + \begin{vmatrix} ka_3 & kb_3 & kc_3 \\ a_2 & b_2 & c_2 \\ a_3 & b_3 & c_3 \end{vmatrix}$$

右端の行列式は第 1 行と第 3 行が比例するから値は 0 である．

$$D'' = D$$

これらの例からわかるように，証明には線形性と交代性が必要である．ということは，この定理は 2 つの性質を内蔵しているわけで，強力な定理であることが予想される」
　「定理が強力ということは，応用も強力ということ！」
　「応用例で実態をみよう」

例7 次の行列式の値を求めよ.

(1)
$$D = \begin{vmatrix} 2 & 3 & 1 \\ 8 & 8 & 3 \\ 7 & -2 & 2 \end{vmatrix}$$

(2)
$$D = \begin{vmatrix} x+2a & x+2b & x+2c \\ a & b & c \\ 1 & 1 & 1 \end{vmatrix}$$

解 (1)
$$D = \begin{vmatrix} 2 & 3 & 1 \\ 8 & 8 & 3 \\ 7 & -2 & 2 \end{vmatrix} = \begin{vmatrix} 0 & 0 & 1 \\ 2 & -1 & 3 \\ 3 & -8 & 2 \end{vmatrix} = -16 + 3 = -13$$

第3列 ×2 を第1列からひく
第3列 ×3 を第2列からひく $\longrightarrow$ サラスの方式で展開する.

(2)
$$D = \begin{vmatrix} x+2a & x+2b & x+2c \\ a & b & c \\ 1 & 1 & 1 \end{vmatrix} = \begin{vmatrix} 0 & 0 & 0 \\ a & b & c \\ 1 & 1 & 1 \end{vmatrix} = 0$$

第2行 ×2 と第3行 ×x を第1行からひく

4. 行列式の因数分解

　行列式をバラバラに展開してから因数分解するのではなく，行列式の性質を巧みに用い展開せずに因数分解することと考えてみる.

例8 次の行列式を因数分解せよ.

$$D = \begin{vmatrix} 1 & a & a^2 \\ 1 & b & b^2 \\ 1 & c & c^2 \end{vmatrix}$$

解
$$D = \begin{vmatrix} 1 & a & a^2 \\ 1 & b & b^2 \\ 1 & c & c^2 \end{vmatrix} = \begin{vmatrix} 0 & a-b & a^2-b^2 \\ 0 & b-c & b^2-c^2 \\ 1 & c & c^2 \end{vmatrix}$$

第1行から第2行をひく
第2行から第3行をひく $\longrightarrow$ 第1行から $a-b$ を外へ出す
第2行から $b-c$ を外へ出す

$$= (a-b)(b-c)\begin{vmatrix} 0 & 1 & a+b \\ 0 & 1 & b+c \\ 1 & c & c^2 \end{vmatrix}$$

$$= (a-b)(b-c)\{(b+c)-(a+b)\}$$

$$= (a-b)(b-c)(c-a)$$

別解　D の展開式は a, b, c についての多項式である.

$a=b$ とおくと，第 1 行と第 2 行は等しくなるから $D=0$，したがって D は $a-b$ を因数にもつ．同様にして $b-c, c-a$ を因数にもち，

$$D = k(a-b)(b-c)(c-a)$$

とおくことができる．D は 3 次式であるから k は定数である．bc^2 の係数は，上の式では k で，もとの行列式にサラスの方式をあてはめると対角要素の積から 1 である．よって $k=1$

$$\therefore D = (a-b)(b-c)(c-a)$$

例 9　次の等式を証明せよ.

$$\begin{vmatrix} a & b & c \\ c & a & b \\ b & c & a \end{vmatrix} = (a+b+c)(a+b\omega+c\omega^2)(a+b\omega^2+c\omega)$$

ただし ω は方程式 $x^3=1$ の虚根の 1 つである.

解　左辺の行列式を D とする．第 2 列と第 3 列を第 1 列に加えると第 1 列の成分はすべて $a+b+c$ になるから D は $a+b+c$ を因数にもつ.

次に第2列に ω, 第3列に ω^2 を掛けて第1列に加えると

$$D = \begin{vmatrix} a+b\omega+c\omega^2 & b & c \\ c+a\omega+b\omega^2 & a & b \\ b+c\omega+a\omega^2 & c & a \end{vmatrix}$$

ω は $x^3 = 1$ の根であるから $\omega^3 = 1$

$$c+a\omega+b\omega^2 = c\omega^3 + a\omega + b\omega^2 = \omega\left(a+b\omega+c\omega^2\right)$$
$$b+c\omega+a\omega^2 = b\omega^3 + c\omega^4 + a\omega^2 = \omega^2\left(a+b\omega+c\omega^2\right)$$

D は $a+b\omega+c\omega^2$ を因数にもつ，同様に第2列に ω^2, 第3列に ω を掛けて第1列に加えて，D は $a+b\omega^2+c\omega$ を因数にもつこともわかる．D は3次式であることを考慮すれば

$$D = k(a+b+c)\left(a+b\omega+c\omega^2\right)\left(a+b\omega^2+c\omega\right)$$

とおくことができて，k は定数である．

a^3 の係数は，上の式では k, もとの行列式ではサラスの方式によると対角成分の積から1である．よって $k=1$.

例10　次の行列式を因数分解せよ．

$$D = \begin{vmatrix} b^2+c^2 & ab & ca \\ ab & c^2+a^2 & bc \\ ca & bc & a^2+b^2 \end{vmatrix}$$

解　サラスの方式で展開したのでは，芸がなさ過ぎよう，一方，先の2つの例で学んだ方式を試みてもうまくいかない．最後の手段として，行列式の和に分解することに当ってみる．各列を2項の和の形にかえて

$$D = \begin{vmatrix} b^2+c^2 & 0+ab & ca+0 \\ ab+0 & c^2+a^2 & 0+bc \\ 0+ca & bc+0 & a^2+b^2 \end{vmatrix}$$

分解すると $2 \times 2 \times 2 = 8$ で8個の行列式の和になる．しかし①と②′，①′と③，②と③′はそれぞれ比例するから，これらの組を含む行列式は0に等しく，残るのは次の2個に過ぎない．

第1列から①を選んだときは，第2列からは①と比例しない②を選び，第3列からは②と比例しない③を選び，次の第1の行列式が得られる．

第1列から①′を選んだときは，第3列からは①′と比例しない③′を選び，もどって第2列からは③′と比例しない②′を選び，次の第2の行列式が得られる．

$$D = \begin{vmatrix} b^2 & 0 & ca \\ ab & c^2 & 0 \\ 0 & bc & a^2 \end{vmatrix} + \begin{vmatrix} c^2 & ab & 0 \\ 0 & a^2 & bc \\ ca & 0 & b^2 \end{vmatrix}$$

$$= abc \begin{vmatrix} b & 0 & c \\ a & c & 0 \\ 0 & b & a \end{vmatrix} + abc \begin{vmatrix} c & b & 0 \\ 0 & a & c \\ a & 0 & b \end{vmatrix}$$

サラスの方式で展開して

$$D = abc \cdot 2abc + abc \cdot 2abc = 4a^2b^2c^2$$

練習問題 2

4 次の行列式の値を求めよ．

(1) $\begin{vmatrix} 3 & -4 & 7 \\ 8 & -4 & 9 \\ -1 & 8 & -5 \end{vmatrix}$　(2) $\begin{vmatrix} 1 & 2 & 3 \\ 3 & 1 & 2 \\ 2 & 3 & 1 \end{vmatrix}$　(3) $\begin{vmatrix} 1 & 1 & 1 \\ 2 & 2^2 & 2^3 \\ 3 & 3^2 & 3^3 \end{vmatrix}$

5　次の行列式を展開せよ.

(1) $\begin{vmatrix} 1 & a & b+c \\ 1 & b & c+a \\ 1 & c & a+b \end{vmatrix}$　(2) $\begin{vmatrix} b+c & a & a \\ b & c+a & b \\ c & c & a+b \end{vmatrix}$

(3) $\begin{vmatrix} b+c & a-c & a-b \\ b-c & c+a & b-a \\ c-b & c-a & a+b \end{vmatrix}$

6　次の式を因数分解せよ.

(1) $\begin{vmatrix} x+a & b & c \\ a & x+b & c \\ a & b & x+c \end{vmatrix}$　(2) $\begin{vmatrix} 1 & a & bc \\ 1 & b & ca \\ 1 & c & ab \end{vmatrix}$

(3) $\begin{vmatrix} -a & c+a & a+b \\ b+c & -b & a+b \\ b+c & c+a & -c \end{vmatrix}$

7　$\begin{vmatrix} x_1 & y_1 \\ x_2 & y_2 \end{vmatrix} = 1$ のとき $\begin{vmatrix} 5x_1+3y_1 & 3x_1+5y_1 \\ 5x_2+3y_2 & 3x_2+5y_2 \end{vmatrix}$ の値を求めよ.

8　次の行列式 D' を D を用いて表せ.

$$D' = \begin{vmatrix} 2b_1+c_1 & c_1+3a_1 & 2a_1+3b_1 \\ 2b_2+c_2 & c_2+3a_2 & 2a_2+3b_2 \\ 2b_3+c_3 & c_3+3a_3 & 2a_8+3b_3 \end{vmatrix}, \quad D = \begin{vmatrix} a_1 & b_1 & c_1 \\ a_2 & b_2 & c_2 \\ a_3 & b_3 & c_3 \end{vmatrix}$$

40

9 次の式を因数分解せよ.

$$\begin{vmatrix} (x+2)(x+3) & (x+3)(x+1) & (x+1)(x+2) \\ (y+2)(y+3) & (y+3)(y+1) & (y+1)(y+2) \\ (z+2)(z+3) & (z+3)(z+1) & (z+1)(z+2) \end{vmatrix}$$

10 次の等式を証明せよ.

(1) $\begin{vmatrix} a & b & c \\ bc & ca & ab \\ a^2 & b^2 & c^2 \end{vmatrix} = -(b-c)(c-a)(a-b)(bc+ca+ab)$

(2) $\begin{vmatrix} 1 & a^2 & (b+c)^2 \\ 1 & b^2 & (c+a)^2 \\ 1 & c^2 & (a+b)^2 \end{vmatrix} = 2(b-c)(c-a)(a-b)(a+b+c)$

(3) $\begin{vmatrix} a+b+c & -c & -b \\ -c & a+b+c & -a \\ -b & -a & a+b+c \end{vmatrix} = 2(b+c)(c+a)(a+b)$

11 次の等式を証明せよ.

$$\begin{vmatrix} 1 & 1 & 1 \\ \cos\alpha & \cos\beta & \cos\gamma \\ \sin\alpha & \sin\beta & \sin\gamma \end{vmatrix} = 4\sin\frac{\beta-\gamma}{2}\sin\frac{\gamma-\alpha}{2}\sin\frac{\alpha-\beta}{2}$$

§3. 行列式の展開

1. 4次を3次で処理する

「行列式を一般化したのに，3次の問題ばかりであった」

「一般化はしてみたものの，展開がうまくいかない，展開式があることはあったが実用的でない．あれは主に理論のためのものです」

「サラスの方式の拡張は不可能ですか」

「不可能ではないが，実用的でない，定義の展開式と同様」

「この行詰りの打開策は?」

「最初に頭に浮ぶのは帰納的処理でしょうよ」

「帰納的処理？　それどういうことです」

「4次を3次で，5次は4次で，…というように次数の低いもので順に処理しては，というアイデアです」

「なるほど，それならうまくゆきそうな気がしますね」

「4次以上のものでも，1つの行または列に0を増してゆき，0でないものが1つ残るようにできる」

「全部0のこともあるでしょう」

「そのときは行列式の値が0なのだから取り挙げるまでもない．たとえば，こんな行列式……第1列の2倍を第2列に加えると，第1行の −6 が0になる．次に第1列の −5 倍を第3列に加えると第1行の 15 が0になる．同様にして第1行の −9 も0にできる」

$$\begin{vmatrix} 3 & -6 & 15 & -9 \\ 4 & 0 & 16 & -5 \\ 1 & 5 & 11 & 2 \\ 2 & -9 & 12 & -5 \end{vmatrix} = \begin{vmatrix} 3 & 0 & 0 & 0 \\ 4 & 8 & -4 & 7 \\ 1 & 7 & 6 & 5 \\ 2 & -5 & 2 & 1 \end{vmatrix}$$

「これならば，3次で処理できそうですね」

「要素の積の作り方にもどってごらん．第1行から選ぶのは3だけ．あとは全部0だから，選んでもしょうがない，次は第2行以

上……第1列は除き第2列以上から選ぶ…. 結局第2,3,4行と第2,3,4列から選んで積を作ればよい」

「それは3に第1行と第1列を除いた3次の行列式をかけたものでしょう」

$$3\begin{vmatrix} 8 & -4 & 7 \\ 7 & 6 & 5 \\ -5 & 2 & 1 \end{vmatrix}$$

「予想はそうだ. しかし予想はあくまで予想……確めなければ不安がつきまとう. 4次の一般の行列式 D で確めようではないか. 定義によると

$$D=\begin{vmatrix} a_{11} & 0 & 0 & 0 \\ a_{21} & a_{22} & a_{23} & a_{24} \\ a_{31} & a_{32} & a_{33} & a_{34} \\ a_{41} & a_{42} & a_{43} & a_{44} \end{vmatrix}$$

$$D'=\begin{vmatrix} a_{22} & a_{23} & a_{24} \\ a_{32} & a_{33} & a_{34} \\ a_{42} & a_{43} & a_{44} \end{vmatrix}$$

$$D = \sum \varepsilon(ijkl)a_{1i}a_{2j}a_{3k}a_{4l}$$

a_{1i} は $i=2,3,4$ のとき 0 だから $i=1$ のものだけ残り

$$D = \sum \varepsilon(1jkl)a_{11}a_{2j}a_{3k}a_{4l}$$

a_{11} は Σ 外にくくり出せる.

$$D = a_{11} \sum \varepsilon(1jkl)a_{2j}a_{3k}a_{4l}$$

$\varepsilon(1jkl)$ は $\varepsilon(jkl)$ に等しいから……」

「なぜですか」

「最初にあるべきものが，最初にあるのだから……」

「そうか．j, k, l はすべて 1 より大きいから，1 はあってもなくて
も，順列 jkl 転倒の個数には影響がない」

「成績 1 番の者は．2 番以下の者の順位を気にしない」

「秀才は冷い」

「ハハ……凡才の実感……気持わかるよ．$\varepsilon(1jkl)$ は秀才抜きの
$\varepsilon(jkl)$ に等しいから

$$D = a_{11} \sum \varepsilon(jkl) a_{2j} a_{3k} a_{4l}$$

この式で jkl は $2, 3, 4$ の任意の順列ですよ」

「それで分った．Σ 以下は第 $2, 3, 4$ 行と第 $2, 3, 4$ 列で作った行列
式そのもの」

「しかも，行と列の順序はもとのまま．この行列式を D' とすると

$$D = a_{11} D'$$

これで，予想の正しいことが明かにされた．4 次の場合ではある
が」

「この証明を 5 次以上へ一般化するのはやさしいですね」

「そこで，次の定理を発見した」

定理 11　行列式 D の第 1 行は a_{11} 以外の要素が 0 であるとき，
D から第 1 行と第 1 列を除いて作った行列式を D' とすると

$$D = a_{11} D'$$

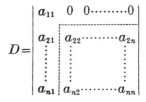

「列についても同様でしょう」

「行列式では当然いちいちことわらなかった」

例 11　次の行列式の値を求めよ.

(1) $D = \begin{vmatrix} 1 & 1 & 1 & 1 \\ 1 & 1 & -1 & -1 \\ 1 & -1 & 1 & -1 \\ 1 & -1 & -1 & 1 \end{vmatrix}$
(2) $\begin{vmatrix} 1 & -2 & 5 & 7 \\ 2 & -1 & 10 & 15 \\ -4 & 5 & -19 & -28 \\ 3 & -2 & 15 & 18 \end{vmatrix}$

解　(1) 第 1 列を第 2, 3, 4 列からひく.

$$D = \begin{vmatrix} 1 & 0 & 0 & 0 \\ 1 & 0 & -2 & -2 \\ 1 & -2 & 0 & -2 \\ 1 & -2 & -2 & 0 \end{vmatrix} = \begin{vmatrix} 0 & -2 & -2 \\ -2 & 0 & -2 \\ -2 & -2 & 0 \end{vmatrix} = -16$$

(2) 第 1 行の-2 倍, 4 倍, -3 倍をそれぞれ第 2 行, 第 3 行, 第 4 行に加える.

$$D = \begin{vmatrix} 1 & -2 & 5 & 7 \\ 0 & 3 & 0 & 1 \\ 0 & -3 & 1 & 0 \\ 0 & 4 & 0 & -3 \end{vmatrix} = \begin{vmatrix} 3 & 0 & 1 \\ -3 & 1 & 0 \\ 4 & 0 & -3 \end{vmatrix} = -13$$

例 12　次の行列式を展開せよ.

(1) $D = \begin{vmatrix} a & x & y & z \\ 0 & b & u & v \\ 0 & 0 & c & w \\ 0 & 0 & 0 & d \end{vmatrix}$
(2) $\begin{vmatrix} x_1 & 0 & 0 & 0 \\ 1 & x_2 & 0 & 0 \\ 2 & 3 & x_3 & 0 \\ 4 & 5 & 6 & x_4 \end{vmatrix}$

解　(1) 列について定理をくり返し用いる.

$$D = \begin{vmatrix} a & x & y & z \\ 0 & b & u & v \\ 0 & 0 & c & w \\ 0 & 0 & 0 & d \end{vmatrix} = a \begin{vmatrix} b & u & v \\ 0 & c & w \\ 0 & 0 & d \end{vmatrix} = ab \begin{vmatrix} c & w \\ 0 & d \end{vmatrix} = abcd$$

(2) 行について，定理をくり返し用いて

$$D = x_1 x_2 x_3 x_4$$

$\times$ $\times$

例 12 の（1）のように，対角線の下方の成分がすべて 0 のものを **上三角行列式**，（2）のように対角線の上方の成分がすべて 0 のものを **下三角行列式** といい，合せて三角行列式という．とくに右の例のように対角成分以外はすべて 0 のものは **対角行列式** という．

$$\begin{vmatrix} x_1 & 0 & 0 & 0 \\ 0 & x_2 & 0 & 0 \\ 0 & 0 & x_3 & 0 \\ 0 & 0 & 0 & x_4 \end{vmatrix}$$

例からわかるように，三角行列式は対角成分の積に等しい．

例 13 次の等式を証明せよ．

$$D = \begin{vmatrix} a+x & b & c & d \\ a & b+x & c & d \\ a & b & c+x & d \\ a & b & c & d+x \end{vmatrix} = x^3(x+a+b+c+d)$$

解 第 2,3,4 列を第 1 列に加えると，第 1 列の成分はすべて

$x+a+b+c+d$ になるから，これを外に出す.

$$D = (x+a+b+c+d) \begin{vmatrix} 1 & b & c & d \\ 1 & b+x & c & d \\ 1 & b & c+x & d \\ 1 & b & c & d+x \end{vmatrix}$$

D で第 1 行を第 2, 3, 4 行からひくと上三角行列式にかわる.

$$D = (x+a+b+c+d) \begin{vmatrix} 1 & b & c & d \\ 0 & x & 0 & 0 \\ 0 & 0 & x & 0 \\ 0 & 0 & 0 & x \end{vmatrix} = x^8(x+a+b+c+d)$$

2. 余因子を用いる

「0 が並ぶもので，要素 a_{11} が 0 でない場合の処理はわかった. もし，0 でないものが，ほかの位置にあったら. たとえば第 3 行で a_{34} は 0 でなく，残りの要素はすべて 0 の場合？」

$$\begin{vmatrix} a_{11} & a_{12} & a_{13} & a_{14} \\ a_{21} & a_{22} & a_{23} & a_{24} \\ 0 & 0 & 0 & a_{34} \\ a_{41} & a_{42} & a_{43} & a_{44} \end{vmatrix}$$

$$\begin{vmatrix} 0 & 0 & 0 & a_{34} \\ a_{21} & a_{22} & a_{23} & a_{24} \\ a_{11} & a_{12} & a_{13} & a_{14} \\ a_{41} & a_{42} & a_{43} & a_{44} \end{vmatrix}$$

$$\begin{vmatrix} a_{34} & 0 & 0 & 0 \\ a_{24} & a_{22} & a_{23} & a_{21} \\ a_{14} & a_{12} & a_{13} & a_{11} \\ a_{44} & a_{42} & a_{43} & a_{41} \end{vmatrix}$$

　「既知から未知へ……逆にみれば未知は既知へ．これが問題解決の正統．a_{34} を a_{11} の位置へ移せばよいではないか」

　「第 3 行を第 1 行と交換し，次に第 4 列を第 1 列と交換する」

　「a_{34} を a_{11} の位置へ移すことは成功した．しかし，よくごらん．行の順序もメチャクチャですよ」

　「いけませんか」

　「展開式では項の符号がたいせつ．その符号は要素の順序できまる．だから……行と列の順序をみだすのは賢明でない」

　「行と列の順序をみださないようにするには……？？，分ったよ．隣の行との交換をくり返す．列についても同様」

　「そう，それなら順序はみだれない」

　「第 3 行は，行の交換 2 回で第 1 行へ，次に第 4 列は列の交換 3 回で第 1 列へ」

　「結局交換の回数は $2+3=5$ 回．交換するごとに，行列式の符号

が変るから

$$D = (-1)^5 D''$$

ここまでくれば，前の定理を D'' に用いることができるから

$$D'' = a_{34} D'$$

D'' を消去して

$$D = (-1)^5 a_{34} D'$$

D'' はもとの行列式 D から第3行と第4列を除いたもの」

$$D = \begin{vmatrix} a_{11} & a_{12} & a_{13} & a_{14} \\ a_{21} & a_{22} & a_{23} & a_{24} \\ 0 & 0 & 0 & a_{34} \\ a_{41} & a_{42} & a_{43} & a_{44} \end{vmatrix}$$

$$\downarrow$$

$$D'' = \begin{vmatrix} a_{34} & 0 & 0 & 0 \\ a_{14} & a_{11} & a_{12} & a_{13} \\ a_{24} & a_{21} & a_{22} & a_{23} \\ a_{44} & a_{41} & a_{42} & a_{43} \end{vmatrix}$$

$$\underbrace{\phantom{a_{41} \quad a_{42} \quad a_{43}}}_{D'}$$

「遂にやった！の実感」

「感激してるときじゃない．一般化が残っている」

「一般に a_{ij} のときですね」

「$D = (-1)^{()} a_{ij} D'$ で，D' が D から第 i 行と第 j 列を除いたものであることはわかるが，-1 の指数が空白」

「a_{34} のときは (-1) の $2+3 = 5$ 乗だから a_{ij} のときは $(i-1)+(j-1) = i+j-2$ 乗」

50

「君も身について来た感じだ. "具体から一般へ" の思考が. −1 の $i+j-2$ 乗は $i+j$ 乗に等しい. そこで総括へ」

定理 12 行列式 D の第 i 行は a_{ij} 以外の要素が 0 であるとき, D から第 i 行と第 j 列を除いて作った行列式を D' とすると

$$D = (-1)^{i+j} a_{ij} D'$$

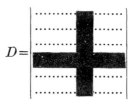

$$D =$$

例 14 次の行列式の値を求めよ.

(1) $D = \begin{vmatrix} 8 & -6 & 0 & -19 \\ 0 & 0 & 7 & 0 \\ -6 & 3 & 5 & 8 \\ 10 & 0 & 8 & 7 \end{vmatrix}$
(2) $D = \begin{vmatrix} 3 & 1 & 6 & 1 \\ -4 & 1 & -5 & 1 \\ 6 & -1 & -3 & 1 \\ -5 & -1 & 4 & 1 \end{vmatrix}$

解 (1) 第 2 行の成分は 7 を除いてすべて 0 であるから, 第 2 行 と第 3 列を除いた行列式を作る.

$$D = (-1)^{2+3} 7 \begin{vmatrix} 8 & -6 & -19 \\ -6 & 3 & 8 \\ 10 & 0 & 7 \end{vmatrix} = -7 \begin{vmatrix} -4 & 0 & -3 \\ -6 & 3 & 8 \\ 10 & 0 & 7 \end{vmatrix}$$

$$= -7(-1)^{2+2} 3 \begin{vmatrix} -4 & -3 \\ 10 & 7 \end{vmatrix} = -42$$

(2) 第 1 行を第 2 行からひき，第 1 行を第 3 行と第 4 行に加える．

$$D = \begin{vmatrix} 3 & 1 & 6 & 1 \\ -7 & 0 & -11 & 0 \\ 9 & 0 & 3 & 2 \\ -2 & 0 & 10 & 2 \end{vmatrix} = (-1)^{1+2} \begin{vmatrix} -7 & -11 & 0 \\ 9 & 3 & 2 \\ -2 & 10 & 2 \end{vmatrix}$$

$$= - \begin{vmatrix} -7 & -11 & 0 \\ 11 & -7 & 0 \\ -2 & 10 & 2 \end{vmatrix} = -2 \begin{vmatrix} -7 & -11 \\ 11 & -7 \end{vmatrix} = -340$$

例 15 次の等式を証明せよ．

$$\begin{vmatrix} a & b & b & b \\ a & b & a & a \\ b & b & a & b \\ a & a & a & b \end{vmatrix} = -(a-b)^4$$

解　第 1 行 − 第 2 行，第 2 行 − 第 3 行，第 3 行 − 第 4 行を行う．左辺の行列式を D とおく．

$$D = \begin{vmatrix} 0 & 0 & b-a & b-a \\ a-b & 0 & 0 & a-b \\ b-a & b-a & 0 & 0 \\ a & a & a & b \end{vmatrix} = (a-b)^3 \begin{vmatrix} 0 & 0 & -1 & -1 \\ 1 & 0 & 0 & 1 \\ -1 & -1 & 0 & 0 \\ a & a & a & b \end{vmatrix}$$

第 2 列を第 1 列からひくと，第 1 列は第 2 行の成分を除いて 0 になるから

$$D = -(a-b)^3 \begin{vmatrix} 0 & -1 & -1 \\ -1 & 0 & 0 \\ a & a & b \end{vmatrix} = -(a-b)^4$$

例 16 次の等式を証明せよ．ただし $abc \neq 0$ とする．

$$\begin{vmatrix} 0 & a & b & c \\ -a & 0 & -c & b \\ -b & c & 0 & -a \\ -c & -b & a & 0 \end{vmatrix} = (a^2 + b^2 + c^2)^2$$

解 左辺の行列式を D とする．第 2 列に a をかけると D の値は a 倍になるから，D を a で割る．次に第 3 列 $\times b$，第 4 列 $\times c$ を第 2 列に加えて，$a^2 + b^2 + c^2$ を作る．

$$D = \frac{1}{a}\begin{vmatrix} 0 & a^2 & b & c \\ -a & 0 & -c & b \\ -b & ac & 0 & -a \\ -c & -ab & a & 0 \end{vmatrix} = \frac{1}{a}\begin{vmatrix} 0 & a^2+b^2+c^2 & b & c \\ -a & 0 & -c & b \\ -b & 0 & 0 & -a \\ -c & 0 & a & 0 \end{vmatrix}$$

$$= -\frac{a^2+b^2+c^2}{a}\begin{vmatrix} -a & -c & b \\ -b & 0 & -a \\ -c & a & 0 \end{vmatrix}$$

$$= -\frac{a^2+b^2+c^2}{a}(-a^3 - ab^2 - ac^2) = (a^2 + b^2 + c^2)^2$$

3．行・列についての展開

行列式から第 i 行と第 j 列を除き，残りの行と列とで，その順序をかえずに作った行列式を，(ij) 成分すなわち a_{ij} に対する**小行列式**という．

この小行列式に $(-1)^{i+j}$ をかけたものを (ij) 成分すなわち a_{ij} に対する**余因子**という．

a_{ij} に対する小行列式を D_{ij}，余因子を A_{ij} で表すならば

$$A_{ij} = (-1)^{i+j}D_{ij}$$

となる.

$$D = \begin{vmatrix} a_{11} & a_{12} & a_{13} & a_{14} \\ a_{21} & a_{22} & a_{23} & a_{24} \\ a_{31} & a_{32} & a_{33} & a_{34} \\ a_{41} & a_{42} & a_{43} & a_{44} \end{vmatrix}$$

たとえば上の行列式 D でみると

a_{32} に対する小行列式　　　　　　a_{32} に対する余因子

$$D_{32} = \begin{vmatrix} a_{11} & a_{13} & a_{14} \\ a_{21} & a_{23} & a_{24} \\ a_{41} & a_{43} & a_{44} \end{vmatrix} \qquad A_{32} = (-1)^{3+2} \begin{vmatrix} a_{11} & a_{13} & a_{14} \\ a_{21} & a_{23} & a_{24} \\ a_{41} & a_{43} & a_{44} \end{vmatrix}$$

例 17　右の 3 次行列式 D で,
(21) 成分　　(22) 成分　　(23) 成分
に対する小行列式と余因子とを求め,それら
を展開せよ.

$$D = \begin{vmatrix} 1 & x_1 & y_1 \\ 1 & x_2 & y_2 \\ 1 & x_3 & y_3 \end{vmatrix}$$

解　小行列式は

$$D_{21} = \begin{vmatrix} x_1 & y_1 \\ x_3 & y_3 \end{vmatrix} \qquad D_{22} = \begin{vmatrix} 1 & y_1 \\ 1 & y_3 \end{vmatrix} \qquad D_{23} = \begin{vmatrix} 1 & x_1 \\ 1 & x_3 \end{vmatrix}$$

$$= x_1 y_3 - x_3 y_1 \qquad\quad = y_3 - y_1 \qquad = x_3 - x_1$$

余因子は

$$A_{21} = (-1)^{2+1} D_{21} \qquad A_{22} = (-1)^{2+2} D_{22} \qquad A_{23} = (-1)^{2+3} D_{23}$$

$$= -x_1 y_3 + x_3 y_1 \qquad\quad = y_3 - y_1 \qquad\quad = -x_3 + x_1$$

小行列式 D_{ij} から余因子 A_{ij} を求めるときにつける符号は式でか
けば $(-1)^{i+j}$ であるが,i, j が小さい数の場合は下の図によれば簡

単である．$+, -$ の配列の特徴に注意されたい．

$$\begin{vmatrix} + & - & + & - & \cdots \\ - & + & - & + & \cdots \\ + & - & + & - & \cdots \\ - & + & - & + & \cdots \\ \cdots & \cdots & \cdots & \cdots \end{vmatrix}$$

（ i ）$+$ と $-$ は交互に並ぶ．

（ ii ）主対角線上はすべて十である

いままでの知識を総合して用いれば，0 が並ぶ行や列を気にせず，任意の行または列について展開する道が開ける．

定理 13　n 次行列式 $D = |a_{ij}|$ は，第 i 行の各成分とその余因子の積の和に等しい．

$$D = \sum_{j=1}^{n} a_{ij} A_{ij} = a_{i1} A_{i1} + a_{i2} A_{i2} + \cdots + a_{in} A_{in}$$

また D は第 j 列の各成分とその余因子の積の和に等しい．

$$D = \sum_{i=1}^{n} a_{ij} A_{ij} = a_{1j} A_{1j} + a_{2j} A_{2j} + \cdots + a_{nj} A_{nj}$$

$$\begin{array}{c} \downarrow \\ \rightarrow \quad D = \begin{vmatrix} a_{11} & a_{12} & a_{13} \\ a_{21} & a_{22} & a_{23} \\ a_{31} & a_{32} & a_{33} \end{vmatrix} \end{array}$$

D を第 i 行について上のように表すことを，**第 i 行について展開する**という．列のときも同様で，**第 j 列について展開する**という．

3次の行列式を第1行について展開すれば

$$D = a_{11}A_{11} + a_{12}A_{12} + a_{13}A_{13}$$

$$= a_{11} \begin{vmatrix} a_{22} & a_{23} \\ a_{32} & a_{33} \end{vmatrix} - a_{12} \begin{vmatrix} a_{21} & a_{23} \\ a_{31} & a_{33} \end{vmatrix} + a_{13} \begin{vmatrix} a_{21} & a_{22} \\ a_{31} & a_{32} \end{vmatrix} \quad ①$$

また第2列について展開したとすると

$$D = a_{12}A_{12} + a_{22}A_{22} + a_{32}A_{32}$$

$$= -a_{12} \begin{vmatrix} a_{21} & a_{23} \\ a_{31} & a_{33} \end{vmatrix} + a_{22} \begin{vmatrix} a_{11} & a_{13} \\ a_{31} & a_{33} \end{vmatrix} - a_{32} \begin{vmatrix} a_{11} & a_{13} \\ a_{21} & a_{23} \end{vmatrix} \quad ②$$

証明のリサーチ

3次の行列式を第2列について展開した場合を証明してみる．はじめに，第2列を3数の和の形にかえる．

$$D = \begin{vmatrix} a_{11} & a_{12}+0+0 & a_{13} \\ a_{21} & 0+a_{22}+0 & a_{23} \\ a_{31} & 0+0+a_{32} & a_{33} \end{vmatrix}$$

これを3つの行列式の和に分解する．

$$D = \begin{vmatrix} a_{11} & a_{12} & a_{13} \\ a_{21} & 0 & a_{23} \\ a_{31} & 0 & a_{33} \end{vmatrix} + \begin{vmatrix} a_{11} & 0 & a_{13} \\ a_{21} & a_{22} & a_{23} \\ a_{31} & 0 & a_{33} \end{vmatrix} + \begin{vmatrix} a_{11} & 0 & a_{13} \\ a_{21} & 0 & a_{23} \\ a_{31} & a_{32} & a_{33} \end{vmatrix}$$

ここで定理12を用いると②の式が得られる．

例18　下の行列式の値を，次の2つの展開によって求めよ．

$$D = \begin{vmatrix} 0 & 2 & -5 & 3 \\ 4 & 0 & 3 & -9 \\ 5 & 6 & 0 & 1 \\ 2 & 0 & -1 & 0 \end{vmatrix}$$

56

(1) 第1行について展開
(2) 第2列について展開

解 成分が0ならば，それと余因子との積も0であるから最初から除いておく．

(1)
$$D = -2\begin{vmatrix} 4 & 3 & -9 \\ 5 & 0 & 1 \\ 2 & -1 & 0 \end{vmatrix} + (-5)\begin{vmatrix} 4 & 0 & -9 \\ 5 & 6 & 1 \\ 2 & 0 & 0 \end{vmatrix} - 3\begin{vmatrix} 4 & 0 & 3 \\ 5 & 6 & 0 \\ 2 & 0 & -1 \end{vmatrix}$$

3次行列式はサラスの方式で計算すると

$$D = -2 \times 55 - 5 \times 108 - 3 \times (-60) = -470$$

(2)
$$D = -2\begin{vmatrix} 4 & 3 & -9 \\ 5 & 0 & 1 \\ 2 & -1 & 0 \end{vmatrix} - 6\begin{vmatrix} 0 & -5 & 3 \\ 4 & 3 & -9 \\ 2 & -1 & 0 \end{vmatrix}$$

$$= -2 \times 55 - 6 \times 60 = -470$$

例 19 次の行列式を展開せよ．

$$D = \begin{vmatrix} 1+x & 1 & 1 & 1 \\ 1 & 1+y & 1 & 1 \\ 1 & 1 & 1+z & 1 \\ 1 & 1 & 1 & 1+u \end{vmatrix}$$

解 第1行 − 第2行，第2行 − 第3行，第3行 − 第4行を行うと

$$D = \begin{vmatrix} x & -y & 0 & 0 \\ 0 & y & -z & 0 \\ 0 & 0 & z & -u \\ 1 & 1 & 1 & 1+u \end{vmatrix}$$

第4列について展開すれば

$$D = -(-u) \begin{vmatrix} x & -y & 0 \\ 0 & y & -z \\ 1 & 1 & 1 \end{vmatrix} + (1+u) \begin{vmatrix} x & -y & 0 \\ 0 & y & -z \\ 0 & 0 & z \end{vmatrix}$$

$$= u(xy + yz + xz) + (1+u)(xyz)$$

$$= xyu + yzu + xzu + xyz + xyzu$$

例 20　次の等式を証明せよ.

$$D = \begin{vmatrix} a & b & c & d \\ -b & a & -d & c \\ -c & d & a & -b \\ -d & -c & b & a \end{vmatrix} = (a^2 + b^2 + c^2 + d^2)^2$$

解　$a \neq 0$ **のとき**　第1列に a をかけ, D を a で割る.

$$D = \frac{1}{a} \begin{vmatrix} a^2 & b & c & d \\ -ab & a & -d & c \\ -ac & d & a & -b \\ -ad & -c & b & a \end{vmatrix}$$

第 2, 3, 4 列にそれぞれ b, c, d をかけて第1列に加えると, 第1列の第1行は $a^2 + b^2 + c^2 + d^2$ になるから, これを k とおく.

$$D = \frac{1}{a} \begin{vmatrix} k & b & c & d \\ 0 & a & -d & c \\ 0 & d & a & -b \\ 0 & -c & b & a \end{vmatrix} = \frac{k}{a} \begin{vmatrix} a & -d & c \\ d & a & -b \\ -c & b & a \end{vmatrix}$$

$$= \frac{k}{a} \cdot ak = k^2 = (a^2 + b^2 + c^2 + d^2)^2$$

$a = 0$ **のとき** 例 16 の行列式の a, b, c をそれぞれ b, c, d で置きか
えたものになる.

$$D = \begin{vmatrix} 0 & b & c & d \\ -b & 0 & -d & c \\ -c & d & 0 & -b \\ -d & -c & b & 0 \end{vmatrix} = (b^2 + c^2 + d^2)^2$$

これは①で $a = 0$ とおいたものに等しい. したがって与えられた等
式は常に成り立つ.

練習問題 3

12 次の行列式の値を求めよ.

(1) $\begin{vmatrix} 1 & 0 & 0 & 0 \\ 0 & 0 & 1 & 0 \\ 0 & 1 & 0 & 0 \\ 0 & 0 & 0 & 1 \end{vmatrix}$ (2) $\begin{vmatrix} 1 & 1 & 1 & 1 \\ 1 & 1 & -1 & -1 \\ 1 & -1 & 1 & -1 \\ 1 & -1 & -1 & 1 \end{vmatrix}$

(3) $\begin{vmatrix} 1 & 2 & 3 & 4 \\ 2 & 3 & -1 & 8 \\ -1 & -2 & 0 & -2 \\ 1 & 7 & 5 & 9 \end{vmatrix}$ (4) $\begin{vmatrix} 1 & a & b & c+d \\ 1 & b & c & d+a \\ 1 & c & d & a+b \\ 1 & d & a & b+c \end{vmatrix}$

13 次の行列式を展開せよ.

(1) $\begin{vmatrix} 0 & 0 & k_1 \\ 0 & k_2 & 0 \\ k_3 & 0 & 0 \end{vmatrix}$ (2) $\begin{vmatrix} 0 & 0 & 0 & k_1 \\ 0 & 0 & k_2 & 0 \\ 0 & k_3 & 0 & 0 \\ k_4 & 0 & 0 & 0 \end{vmatrix}$

$$(3) \quad \begin{vmatrix} 0 \cdots\cdots 0 & k_1 \\ 0 \cdots\cdots k_2 & 0 \\ \cdots\cdots\cdots\cdots \\ \cdots\cdots\cdots\cdots \\ k_n \cdots\cdots 0 & 0 \end{vmatrix}$$

14 次の式を展開せよ.

$$(1) \quad \begin{vmatrix} 1 & 0 & 0 & x \\ 0 & 1 & 0 & y \\ 0 & 0 & 1 & z \\ x & y & z & 0 \end{vmatrix} \qquad (2) \quad \begin{vmatrix} x & a & b & c \\ a & x & 0 & 0 \\ b & 0 & x & 0 \\ c & 0 & 0 & x \end{vmatrix} \qquad (3) \quad \begin{vmatrix} 0 & a & b & c & 1 \\ a & 0 & b & c & 1 \\ a & b & 0 & c & 1 \\ a & b & c & 0 & 1 \\ a & b & c & d & 1 \end{vmatrix}$$

$$(4) \quad \begin{vmatrix} a & 1 & 0 & 0 \\ -1 & b & 1 & 0 \\ 0 & -1 & c & 1 \\ 0 & 0 & -1 & d \end{vmatrix}$$

15 次の等式を証明せよ.

$$(1) \quad \begin{vmatrix} a & -1 & 0 & 0 \\ b & x & -1 & 0 \\ c & 0 & x & -1 \\ d & 0 & 0 & x \end{vmatrix} = ax^3 + bx^2 + cx + d$$

$$(2) \quad \begin{vmatrix} p^2+1 & pq & pr & ps \\ qp & q^2+1 & qr & qs \\ rp & rq & r^2+1 & rs \\ sp & sq & sr & s^2+1 \end{vmatrix} = p^2 + q^2 + r^2 + s^2 + 1$$

60

$$(3) \quad \begin{vmatrix} x & a_1 & a_2 & a_3 & 1 \\ a_1 & x & a_2 & a_3 & 1 \\ a_1 & a_2 & x & a_3 & 1 \\ a_1 & a_2 & a_3 & x & 1 \\ a_1 & a_2 & a_3 & a_4 & 1 \end{vmatrix} = (x - a_1)(x - a_2)(x - a_3)(x - a_4)$$

16 (1) 次の行列式 D は因数分解すると

$$-(a + b + c)(b + c - a)(c + a - b)(a + b - c)$$

となることを示せ.

(2) D' は D に等しいことを展開せずに示せ. ただし $abc \neq 0$ とする.

$$D = \begin{vmatrix} 0 & a & b & c \\ a & 0 & c & b \\ b & c & 0 & a \\ c & b & a & 0 \end{vmatrix} \qquad D' = \begin{vmatrix} 0 & a^2 & b^2 & 1 \\ a^2 & 0 & c^2 & 1 \\ b^2 & c^2 & 0 & 1 \\ 1 & 1 & 1 & 0 \end{vmatrix}$$

§4. 行列の積の行列式

1. 正方行列の積の行列式

「行列式でも積を考えるが，その源は行列の積です．そこで行列 A から作った行列式は $|A|$ で表すことにしょう」

「A は一般の行列ですか」

「もちろん，正方行列．A, B が次数の等しい正方行列とすると，AB も正方行列で $|AB| = |A| \cdot |B|$ が成り立つのです」

「簡単で，見事な関係ですね．その応用は？」

「重要な応用がある．正方行列 A が逆行列をもつ，つまり正則であるための必要条件 $|A| \neq 0$ を導くときです．A が逆行列をもったとすると $AX = E$ をみたす行列 X がある．この両辺の行列式を作り，定理を使ってごらん」

「$|AX| = |E|, |A| \cdot |X| = |E|$??」

「$|E|$ の直は 1 ですよ」

「そうか．$|A| \cdot |X| = 1$ から $|A| \neq 0$，証明も美事ですね」

「しかし"楽あれば苦あり"とはよくいったもので，先の定理の証明は楽でないのだ．それを，ぜひわかってもらわなければならない，いやぜひ，わからせようというのが，ここの目標です．エレガントな証明もあるが，それにはベクトルの関数の性質が必要だ．それで，そういう証明は巻末 §8 に回し，ここでは予備知識のいらない証明を取り挙げたい．少々ドロ臭いが……」

「ドロ臭いの歓迎です．そのほうが親しみやすい」

「証明にはいるまえに，定理をキチンと書いておこう」

定理 14 A, B を次数の等しい正方行列とすると

$$|AB| = |A| \cdot |B|$$

証明のリサーチ

「教えられるよりは，創り出すのが本書のモットー，2 次，3 次の

場合に当たり，一般の n 次の場合を予想しようではないか」

　「2次のとき，いままでの流儀に従い

$$A = \begin{pmatrix} a_1 & a_2 \\ b_1 & b_2 \end{pmatrix} \quad B = \begin{pmatrix} x_1 & y_1 \\ x_2 & y_2 \end{pmatrix}$$

とおいてみると

$$AB = \begin{pmatrix} a_1x_1 + a_2x_2 & a_1y_1 + a_2y_2 \\ b_1x_1 + b_2x_2 & b_1y_1 + b_2y_2 \end{pmatrix}$$

$$|AB| = (a_1x_1 + a_2x_2)(b_1y_1 + b_2y_2) - (a_1y_1 + a_2y_2)(b_1x_1 + b_2x_2)$$

カッコをはずし，因数分解すれば…..」

　「ちょっと待った．そんなカッコの悪い計算では，一般化が絶望的だ．目標は，$|A| \cdot |B|$ だから $|A|$ か $|B|$ をカッコでくくり出せるように……いまから用意しておくのがよい．たとえば $|A|$ が共通因数となるようにするのであったら，A を列ベクトルで表し $(\boldsymbol{a}_1, \boldsymbol{a}_2)$ としてはどうか」

　「なるほど，それなら，計算も簡単になりそう，$A = (\boldsymbol{a}_1, \boldsymbol{a}_2)$ とおくと

行列式の線型性によって分解すると 4 つの行列式の和になる．

① $|\boldsymbol{a}_1x_1 \quad \boldsymbol{a}_1y_1| = |\boldsymbol{a}_1 \quad \boldsymbol{a}_1|x_1y_1$ これは 0

② $|\boldsymbol{a}_1x_1 \quad \boldsymbol{a}_2y_2| = |\boldsymbol{a}_1 \quad \boldsymbol{a}_2|x_1y_2 = |A|x_1y_2$

③ $|\boldsymbol{a}_2x_2 \quad \boldsymbol{a}_1y_1| = |\boldsymbol{a}_2 \quad \boldsymbol{a}_1|x_2y_1 = -|\boldsymbol{a}_1 \quad \boldsymbol{a}_2|x_2y_1 = -|A|x_2y_1$

④ $|\boldsymbol{a}_2x_2 \quad \boldsymbol{a}_2y_2| = |\boldsymbol{a}_2 \quad \boldsymbol{a}_2|x_2y_2$ これも 0

そこで $|AB| = |A|(x_1y_2 - x_2y_1) = |A| \cdot |B|$ これでどう」

「やるじゃない．サフィックス 1，2 の順列の符号をつければ，申し分ない．③で $|a_2 \quad a_1|$ は $\sigma(2\ 1)|a_1 \quad a_2|$ に等しい．形を整えるため②でも $|a_1 \quad a_2|$ を $\sigma(1\ 2)|a_1 \quad a_2|$ とすると

$$|AB| = |A| \cdot \{\sigma(1\ 2)x_1y_2 + \sigma(2\ 1)x_2y_1\}$$

{ } の中は $|B|$ の定義そのもの…..」

$$\times \qquad\qquad\qquad \times$$

「その要領で 3 次のときに当ってみる．

$$A = \begin{pmatrix} a_1 & a_2 & a_3 \end{pmatrix} \quad B = \begin{pmatrix} x_1 & y_1 & z_1 \\ x_2 & y_2 & z_2 \\ x_3 & y_3 & z_3 \end{pmatrix}$$

とおくと，$|AB|$ は

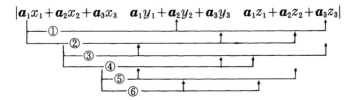

$$|a_1x_1 + a_2x_2 + a_3x_3 \quad a_1y_1 + a_2y_2 + a_3y_3 \quad a_1z_1 + a_2z_2 + a_3z_3|$$

分解する．値が 0 であることがわかっている行列式を除くと，残るのは 6 つ……x_1, y_1, z_1 などを行列式の外に出して表すと

① $|a_1 \quad a_2 \quad a_3| x_1y_2z_3 = |A|\sigma(1\ 2\ 3)\,x_1y_2z_3$

② $|a_1 \quad a_3 \quad a_2| x_1y_3z_2 = |A|\sigma(1\ 3\ 2)\,x_1y_3z_2$

③ $|a_2 \quad a_1 \quad a_3| x_2y_1z_3 = |A|\sigma(2\ 1\ 3)\,x_2y_1z_3$

④ $|a_2 \quad a_3 \quad a_1| x_2y_3z_1 = |A|\sigma(2\ 3\ 1)\,x_2y_3z_1$

⑤ $|a_3 \quad a_1 \quad a_2| x_3y_1z_2 = |A|\sigma(3\ 1\ 2)\,x_3y_1z_2$

⑥ $|a_3 \quad a_2 \quad a_1| x_3y_2z_1 = |A|\sigma(3\ 2\ 1)\,x_3y_2z_1$

$1, 2, 3$ の順列を $i\,j\,k$ とすると

$$|AB| = |A| \cdot \Sigma\sigma(ijk)x_iy_jz_k = |A| \cdot |B|$$

「見事，これなら一般化可能．n 次の場合の証明はやるまでもない．君の課題として残し……例題を示そう」

例 21　次の恒等式を行列 A, B の積の行列式を用いて導け.

$$A = \begin{pmatrix} a & b \\ x & y \end{pmatrix} \quad B = \begin{pmatrix} a & x \\ b & y \end{pmatrix}$$

$$(a^2 + b^2)(x^2 + y^2) - (ax + by)^2 = (ay - bx)^2$$

解
$$AB = \begin{pmatrix} a & b \\ x & y \end{pmatrix}\begin{pmatrix} a & x \\ b & y \end{pmatrix} = \begin{pmatrix} a^2 + b^2 & ax + by \\ ax + by & x^2 + y^2 \end{pmatrix}$$

$$\therefore \quad |AB| = (a^2 + b^2)(x^2 + y^2) - (ax + by)^2$$

$$|A| \cdot |B| = (ay - bx)(ay - bx) = (ay - bx)^2$$

$|AB| = |A| \cdot |B|$ であるから，上の 2 式は等しい.

×　　　　　　×

「3 文字の場合へ拡張できそうですが…….

$$(a^2 + b^2 + c^2)(x^2 + y^2 + z^2) - (ax + by + cz)^2 = \cdots\cdots$$

「$(2,3)$ 行列 $\times (3,2)$ 行列になるから定理を拡張しなければダメ，それは §8 で取り挙げる予定」

例 22　右の行列 A とその転置行列 ^tA との積を用いて，$|A|$ は

$$(a^2 + b^2 + c^2 + d^2)^2$$

に等しいことを示せ.

$$A = \begin{pmatrix} a & b & c & d \\ -b & a & -d & c \\ -c & d & a & -b \\ -d & -c & b & a \end{pmatrix}$$

解 $k = a^2 + b^2 + c^2 + d^2$ とおくと

$$A^t A = \begin{pmatrix} a & b & c & d \\ -b & a & -d & c \\ -c & d & a & -b \\ -d & -c & b & a \end{pmatrix} \begin{pmatrix} a & -b & -c & -d \\ b & a & d & -c \\ c & -d & a & b \\ d & c & -b & a \end{pmatrix}$$

$$= \begin{pmatrix} k & 0 & 0 & 0 \\ 0 & k & 0 & 0 \\ 0 & 0 & k & 0 \\ 0 & 0 & 0 & k \end{pmatrix}$$

$$\therefore |A^t A| = \begin{vmatrix} k & 0 & 0 & 0 \\ 0 & k & 0 & 0 \\ 0 & 0 & k & 0 \\ 0 & 0 & 0 & k \end{vmatrix} = k^4$$

$|A^t A| = |A| \cdot |^t A| = |A|^2$ であるから $|A|^2 = k^4$

$$\therefore |A| = \pm k^2 = \pm \left(a^2 + b^2 + c^2 + d^2 \right)^2$$

$|A|$ の a^4 の係数は対角成分の積から 1 である.

$$\therefore |A| = \left(a^2 + b^2 + c^2 + d^2 \right)^2$$

例 23 右の 2 つの行列式 D, D_0 の積を用い, D を因数分解せよ.

$$D = \begin{vmatrix} 0 & a & b & c \\ a & 0 & c & b \\ b & c & 0 & a \\ c & b & a & 0 \end{vmatrix} \quad D_0 = \begin{vmatrix} 1 & -1 & -1 & -1 \\ 1 & -1 & 1 & 1 \\ 1 & 1 & -1 & 1 \\ 1 & 1 & 1 & -1 \end{vmatrix}$$

解

$$DD_0 = \begin{vmatrix} 0 & a & b & c \\ a & 0 & c & b \\ b & c & 0 & a \\ c & b & a & 0 \end{vmatrix} \cdot \begin{vmatrix} 1 & -1 & -1 & -1 \\ 1 & -1 & 1 & 1 \\ 1 & 1 & -1 & 1 \\ 1 & 1 & 1 & -1 \end{vmatrix}$$

$$= \begin{vmatrix} a+b+c & -a+b+c & a-b+c & a+b-c \\ a+c+b & -a+c+b & -a-c+b & -a+c-b \\ b+c+a & -b-c+a & -b+c+a & -b+c-a \\ c+b+a & -c-b+a & -c+b-a & -c+b+a \end{vmatrix}$$

第 1 列から $a+b+c$, 第 2 列から $a-b-c$, 第 3 列から $b-c-a$, 第 4 列から $c-a-b$ を行列式の外へ出すと, 残った行列式は D_0 に等しいから

$$DD_0 = (a+b+c)(a-b-c)(b-c-a)(c-a-b)D_0$$

D_0 で第 1 列を第 2, 3, 4 列に加えると

$$D_0 = \begin{vmatrix} 1 & 0 & 0 & 0 \\ 1 & 0 & 2 & 2 \\ 1 & 2 & 0 & 2 \\ 1 & 2 & 2 & 0 \end{vmatrix} = \begin{vmatrix} 0 & 2 & 2 \\ 2 & 0 & 2 \\ 2 & 2 & 0 \end{vmatrix} = 16$$

$D_0 \neq 0$ であるから, (1) の両辺を D_0 で割って

$$D = (a+b+c)(a-b-c)(b-c-a)(c-a-b)$$

2. 行列を並べた行列式

「第二の証明の予備として, 2 つ以上の行列を並べて 1 つの行列式を作ることを考えたい」

「証明は 1 つあれば十分なのに……」

「いや，そうではない．この定理の証明をいろいろ学ぶことは，行列式とベクトルや行列との深いつながりを知ることにもなるのだ．それに，予備知識の意外な応用を発見するチャンスもあろう」

「行列をどのように並べて行列式を作るのか」

「A, B を与えられた正方行列とするとき，これらを対角線上に並べる．

$$\begin{vmatrix} A & \vdots & Y \\ \cdots & + & \cdots \\ X & \vdots & B \end{vmatrix} \text{たとえば} \begin{vmatrix} a_{11} & a_{12} & & & \\ a_{21} & a_{22} & & Y & \\ \hline & & b_{11} & b_{12} & b_{13} \\ & X & b_{21} & b_{22} & b_{23} \\ & & b_{31} & b_{32} & b_{33} \end{vmatrix}$$

A, B の次数は等しくなくてもよい」

「X, Y はどんな行列か」

「X, Y のところに，ぴったりはいる行列ならば何でもよい．この例でみると X は $(3, 2)$ 型で Y は $(2, 3)$ 型です．とくに X, Y の少くとも一方が零行列の場合には，意外や，この行列式の値は $|A|$ と $|B|$ の積に等しいのです」

定理 15 2つの正方行列を A, B とすると

$$\begin{vmatrix} A & O \\ X & B \end{vmatrix} = |A| \cdot |B| \qquad \begin{vmatrix} A & Y \\ O & B \end{vmatrix} = |A| \cdot |B|$$

証明のリサーチ

B を固定し，A の次数 n について帰納的に考えてみよう．

$n = 1$ のとき　$A = |a_{11}| = a_{11}$

$$D = \begin{vmatrix} a_{11} & O \\ X & B \end{vmatrix} = a_{11}|B| = |A| \cdot |B|$$

$n = 2$ のとき

$$D = \begin{vmatrix} a_{11} & a_{12} & \\ a_{21} & a_{22} & O \\ & X & B \end{vmatrix}$$

第 1 行について展開すると

$$D = a_{11} \begin{vmatrix} a_{22} & O_1 \\ X_1 & B \end{vmatrix} - a_{12} \begin{vmatrix} a_{21} & O_2 \\ X_2 & B \end{vmatrix}$$

$$= a_{11} \cdot a_{22}|B| - a_{12} \cdot a_{21}|B|$$

$$= (a_{11}a_{22} - a_{12}a_{21})|B| = |A| \cdot |B|$$

$n = 3$ のとき

$$D = \begin{vmatrix} a_{11} & a_{12} & a_{13} & \\ a_{21} & a_{22} & a_{23} & O \\ a_{31} & a_{32} & a_{33} & \\ & X & & B \end{vmatrix}$$

これを第 1 行について展開すると

$$D = a_{11} \begin{vmatrix} a_{22} & a_{23} & O_1 \\ a_{32} & a_{33} & \\ X_1 & & B \end{vmatrix} - a_{12} \begin{vmatrix} a_{21} & a_{23} & O_2 \\ a_{31} & a_{33} & \\ X_2 & & B \end{vmatrix} + a_{13} \begin{vmatrix} a_{21} & a_{22} & O_3 \\ a_{31} & a_{32} & \\ X_3 & & B \end{vmatrix}$$

$$= a_{11} \begin{vmatrix} a_{22} & a_{23} \\ a_{32} & a_{33} \end{vmatrix} \cdot |B| - a_{12} \begin{vmatrix} a_{21} & a_{23} \\ a_{31} & a_{33} \end{vmatrix} \cdot |B| + a_{13} \begin{vmatrix} a_{21} & a_{22} \\ a_{31} & a_{32} \end{vmatrix} \cdot |B|$$

行列 A の a_{11}, a_{12}, a_{13} の余因子をそれぞれ A_{11}, A_{12}, A_{13} とおくと

$$D = (a_{11}A_{11} + a_{12}A_{12} + a_{13}A_{13})\,|B| = |A| \cdot |B|$$

ここまでくれば，数学的帰納法による証明は見透せたものと思う．

定理の第 2 式の場合は，第 1 列について展開し，以上と同様のことを試みる．あるいは，転置行列を応用し，第 1 の場合に帰着させればよい．一般に行列 M の転置行列，すなわち行と列をいれかえて作った行列を ^{t}M とすると，M が正方行列のとき

$$|^{t}M| = |M|$$

であった．そこで

$$\begin{vmatrix} A & Y \\ O & B \end{vmatrix} = \left| {}^{t}\!\begin{pmatrix} A & Y \\ O & B \end{pmatrix} \right| = \begin{vmatrix} {}^{t}A & {}^{t}O \\ {}^{t}Y & {}^{t}B \end{vmatrix}$$

$$= |{}^{t}A| \cdot |{}^{t}B| = |A| \cdot |B| \qquad \text{(証明終り)}$$

ついでに，次の定理を導いておこう．

定理 16　A は n 次，B は m 次の正方行列のとき

$$\begin{vmatrix} X & B \\ A & O \end{vmatrix} = \begin{vmatrix} O & B \\ A & Y \end{vmatrix} = (-1)^{nm}|A| \cdot |B|$$

証明　行列 A を上方へ移すために，次のいれかえを行う．

$$
\begin{vmatrix}
X & \begin{matrix} b_{11} \cdots\cdots b_{1m} \\ \cdots\cdots\cdots\cdots \\ b_{m1}\cdots\cdots b_{mm} \end{matrix} \\
\begin{matrix} a_{11}\cdots\cdots a_{1n} \\ \cdots\cdots\cdots\cdots \\ \cdots\cdots\cdots\cdots \\ a_{n1}\cdots\cdots a_{nn} \end{matrix} & O
\end{vmatrix}
$$

第 $(m+1)$ 行をその上の行と次々にいれかえて第 1 行に移すと，いれかえの回数は m である．

それが済んだら第 $(m+2)$ 行に同様のことを試み第 2 行に移す．このときのいれかえの回数も m である．

同様のことを繰り返し，最後に第 $(m+n)$ 行を第 n 行へ移す．以上のいれかえの総数は mn であるから

$$
\begin{vmatrix} X & B \\ A & O \end{vmatrix} = (-1)^{mn} \begin{vmatrix} A & O \\ X & B \end{vmatrix} = (-1)^{mn}|A| \cdot |B|
$$

例 24　次の行列式の値を求めよ．

(1)
$$
D = \begin{vmatrix} 9 & 4 & 0 & 0 \\ 4 & 3 & 0 & 0 \\ -8 & 9 & 7 & 5 \\ 6 & 7 & 6 & 4 \end{vmatrix}
$$

(2)
$$
D = \begin{vmatrix} 2 & 0 & -1 & 3 & 2 \\ 8 & 7 & 6 & 5 & 4 \\ 3 & 0 & 2 & 0 & 0 \\ 0 & -2 & 3 & 0 & 0 \\ 5 & 4 & 0 & 0 & 0 \end{vmatrix}
$$

解 (1)
$$
D = \begin{vmatrix} 9 & 4 \\ 4 & 3 \end{vmatrix} \cdot \begin{vmatrix} 7 & 5 \\ 6 & 4 \end{vmatrix} = 11 \cdot (-2) = -22
$$

(2)
$$
D = (-1)^{2\times 3} \begin{vmatrix} 3 & 0 & 2 \\ 0 & -2 & 3 \\ 5 & 4 & 0 \end{vmatrix} \cdot \begin{vmatrix} 3 & 2 \\ 5 & 4 \end{vmatrix} = -(-16) \cdot 2 = 32
$$

72

例 25 次の等式を証明せよ.

$$\begin{vmatrix} a & -b & x & -y \\ b & a & y & x \\ x & -y & a & -b \\ y & x & b & a \end{vmatrix} = \begin{aligned} &\{(a+x)^2 + (b+y)^2\} \\ &\times \{(a-x)^2 + (b-y)^2\} \end{aligned}$$

解 左辺の行列式を D とおく. 第 1 行に第 3 行を加え, 第 2 行に第 4 行を加えると

$$D = \begin{vmatrix} a+x & -b-y & a+x & -b-y \\ b+y & a+x & b+y & a+x \\ x & -y & a & -b \\ y & x & b & a \end{vmatrix}$$

次に第 3 列から第 1 列, 第 4 列から第 2 列をひくと

$$D = \begin{vmatrix} a+x & -b-y & 0 & 0 \\ b+y & a+x & 0 & 0 \\ x & -y & a-x & -b+y \\ y & x & b-y & a-x \end{vmatrix}$$

ここで定理 15 を用いると

$$D = \begin{vmatrix} a+x & -b-y \\ b+y & a+x \end{vmatrix} \cdot \begin{vmatrix} a-x & -b+y \\ b-y & a-x \end{vmatrix}$$

$$= \{(a+x)^2 + (b+y)^2\}\{(a-x)^2 + (b-y)^2\}$$

別解 上の解は, 行列の区分による次の解と同じものである.

$$A = \begin{pmatrix} a & -b \\ b & a \end{pmatrix}, \quad B = \begin{pmatrix} x & -y \\ y & x \end{pmatrix} \text{ とおくと}$$

$$D = \begin{vmatrix} A & B \\ B & A \end{vmatrix}$$

第1行を第2行から引き，次に第2列を第1列に加えると

$$D = \begin{vmatrix} A+B & B+A \\ B & A \end{vmatrix} = \begin{vmatrix} A+B & O \\ B & A-B \end{vmatrix}$$

定理 15 によって

$$D = |A+B| \cdot |A-B| = \begin{vmatrix} a+x & -b-y \\ b+y & a+x \end{vmatrix} \cdot \begin{vmatrix} a-x & -b+y \\ b-y & a-x \end{vmatrix}$$

$$= \{(a+x)^2 + (b+y)^2\}\{(a-x)^2 + (b-y)^2\}$$

例 26 A, B, E, O はすべて n 次の正方行列で，E は単位行列，O は零行列のとき，次の等式を証明せよ.

(1) $\begin{vmatrix} A & O \\ B & E \end{vmatrix} = |A|$ (2) $\begin{vmatrix} O & A \\ -E & B \end{vmatrix} = |A|$

解 (1) 定理 15 によって

$$\begin{vmatrix} A & O \\ B & E \end{vmatrix} = |A| \cdot |E| = |A| \cdot 1 = |A|$$

(2) 定理 16 によって

$$\begin{vmatrix} O & A \\ -E & B \end{vmatrix} = (-1)^{nn}|A| \cdot |-E| = (-1)^{n+n^2}|A|$$

$n^2 + n = n(n+1)$ は連続2整数の積であるから2の倍数である. したがって，上の式は $|A|$ に等しい.

3. 第2の証明

「A, B が n 次の正方行列のとき $|AB| = |A| \cdot |B|$ の第2の証明を考

74

える．予備知識は十分備った．72 ページの定理 15 によると

$$\begin{vmatrix} A & O \\ X & B \end{vmatrix} = |A| \cdot |B|$$

であった．X は A, B に無関係に選んでよい正方行列だ．そこで，X を $-E$ に選ぶのです」

「なぜ，E を選ぶのか」

「$-E$ を選ぶと，次の変形がうまくいく．

$$\begin{vmatrix} A & O \\ -E & B \end{vmatrix} = \begin{vmatrix} O & AB \\ -E & B \end{vmatrix} \qquad ①$$

ここで，前のページの例 26 の（2）を使ってごらん」

「この行列式は $|AB|$ に等しい，謎が解けた」

「結局，証明のカギは①の変形にあることが分ったろう」

「その変形は難しそうですね」

「いや，それほどでもない．要は変形の原理を知ること……それには，2 次の場合に当ってみれば十分だ．

第 3 行 $\times a_1$，第 4 行 $\times a_2$ をともに第 1 行に加える．

第 3 行 $\times b_1$，第 4 行 $\times b_2$ をともに第 2 行に加える．

この操作によって行列式の値は変らないから，①は証明されたようなもの．証明の一般化は君の課題としよう」

$$\begin{vmatrix} a_1 & a_2 & 0 & 0 \\ b_1 & b_2 & 0 & 0 \\ -1 & 0 & x_1 & y_1 \\ 0 & -1 & x_2 & y_2 \end{vmatrix}$$

$$\Downarrow$$

$$
\begin{vmatrix}
0 & 0 & a_1x_1 + a_2x_2 & a_1y_1 + a_2y_2 \\
b_1 & b_2 & 0 & 0 \\
-1 & 0 & x_1 & y_1 \\
0 & -1 & x_2 & y_2
\end{vmatrix}
$$

$$\Downarrow$$

$$
\begin{vmatrix}
0 & 0 & a_1x_1 + a_2x_2 & a_1y_1 + a_2y_2 \\
0 & 0 & b_1x_1 + b_2x_2 & b_1y_1 + b_2y_2 \\
-1 & 0 & x_1 & y_1 \\
0 & -1 & x_2 & y_2
\end{vmatrix}
$$

例 27　次の行列式 D を用い，行列式 D^2 は $4a^2b^2c^2$ に等しいことを証明せよ．

$$
D = \begin{vmatrix} 0 & c & b \\ c & 0 & a \\ b & a & 0 \end{vmatrix}
\quad
D^2 = \begin{vmatrix} b^2+c^2 & ab & ca \\ ab & c^2+a^2 & bc \\ ca & bc & a^2+b^2 \end{vmatrix}
$$

解
$$
D = \begin{vmatrix} 0 & c & b \\ c & 0 & a \\ b & a & 0 \end{vmatrix} = abc + abc = 2abc
$$

$4a^2b^2c^2 = (2abc)^2$ であるから，D と D の積を求めればよいことが予想される．

$$
\begin{vmatrix} 0 & c & b \\ c & 0 & a \\ b & a & 0 \end{vmatrix} \cdot \begin{vmatrix} 0 & c & b \\ c & 0 & a \\ b & a & 0 \end{vmatrix} = \begin{vmatrix} c^2+b^2 & ba & ca \\ ab & c^2+a^2 & cb \\ ac & bc & b^2+a^2 \end{vmatrix}
$$

$$
2abc \cdot 2abc = D^2
$$

$$
\therefore D^2 = 4a^2b^2c^2
$$

76

練習問題 4

17 行列式 D の値が 1 であるとき，行列式 D' の直を求めよ．

$$D = \begin{vmatrix} x_1 & y_1 & z_1 \\ x_2 & y_2 & z_2 \\ x_3 & y_3 & z_3 \end{vmatrix} \quad D' = \begin{vmatrix} 2x_1 + 3y_1 & 5y_1 + 3z_1 & 5x_1 + 2z_1 \\ 2x_2 + 3y_2 & 5y_2 + 3z_2 & 5x_2 + 2z_2 \\ 2x_3 + 3y_3 & 5y_3 + 3z_3 & 5x_3 + 2z_3 \end{vmatrix}$$

18 ω を 1 の虚立方根とするとき，次の行列式 D の値を D^2 を用いて求めよ．

$$D = \begin{vmatrix} 1 & \omega & \omega^2 & 1 \\ \omega & \omega^2 & 1 & 1 \\ \omega^2 & 1 & 1 & \omega \\ 1 & 1 & \omega & \omega^2 \end{vmatrix}$$

19 等式

$$\begin{vmatrix} a & b & c \\ c & a & b \\ b & c & a \end{vmatrix} = a^3 + b^3 + c^3 - 3abc$$

を用いて，次の等式を導け．

$$(a^3 + b^3 + c^3 - 3abc)(x^3 + y^3 + z^3 - 3xyz)$$
$$= X^3 + Y^3 + Z^3 - 3XYZ$$

ただし $X = ax + by + cz, Y = cx + ay + bz, Z = bx + cy + az$ である．

§5. 行列の正則とランク

1. 余因子行列

「行列で重要なのは逆行列をもつかどうかということ……つまり正則かどうかいうこと. いままでの知識で, 正則の必要条件は簡単に導けるが, 十分条件を導くことがうまくいかない」

「それで, その準備をするのですか」

「そう. 余因子行列がそれだ, 正方行列のすべての要素を, その余因子で置きかえ, さらに, その行列に転置を行ったものを, もとの行列の**余因子行列**というのです. 行列 A の余因子行列はふつう $A^{(C)}, \tilde{A}$ で表す」

「ややこしくて, イメージが浮ばない」

「では, 3 次で説明しょう.

$$
\begin{array}{ccc}
A & & A^{(C)} \\
\begin{pmatrix} a_{11} & a_{12} & a_{13} \\ a_{21} & a_{22} & a_{23} \\ a_{31} & a_{32} & a_{33} \end{pmatrix} \rightarrow & \begin{pmatrix} A_{11} & A_{12} & A_{13} \\ A_{21} & A_{22} & A_{23} \\ A_{31} & A_{32} & A_{33} \end{pmatrix} \rightarrow & \begin{pmatrix} A_{11} & A_{21} & A_{31} \\ A_{12} & A_{22} & A_{32} \\ A_{13} & A_{23} & A_{33} \end{pmatrix}
\end{array}
$$

もとの正方行列　　　　要素を余因子に　　　　さらに転置を行
　　　　　　　　　　かえたもの　　　　　　なったもの

「なぜ, 転置を行うのか」

「あとで, すぐわかる. その前に, 余因子行列を実際に作り, 実感を深めておきたい」

例 28 次の行列の余因子行列を求めよ.

$$
A = \begin{pmatrix} a & b & c \\ c & a & b \\ b & c & a \end{pmatrix}
$$

解　$A = (a_{ij})$ とおいて，余因子をすべて求める.

$$A_{11} = \begin{vmatrix} a & b \\ c & a \end{vmatrix} \quad A_{12} = - \begin{vmatrix} c & b \\ b & a \end{vmatrix} \quad A_{13} = \begin{vmatrix} c & a \\ b & c \end{vmatrix}$$

$$= a^2 - bc \qquad\quad = b^2 - ca \qquad\quad = c^2 - ab$$

$$A_{21} = - \begin{vmatrix} b & c \\ c & a \end{vmatrix} \quad A_{22} = \begin{vmatrix} a & c \\ b & a \end{vmatrix} \quad A_{23} = - \begin{vmatrix} a & b \\ b & c \end{vmatrix}$$

$$= c^2 - ab \qquad\quad = a^2 - bc \qquad\quad = b^2 - ca$$

$$A_{31} = \begin{vmatrix} b & c \\ a & b \end{vmatrix} \quad A_{32} = - \begin{vmatrix} a & c \\ c & b \end{vmatrix} \quad A_{33} = \begin{vmatrix} a & b \\ c & a \end{vmatrix}$$

$$= b^2 - ca \qquad\quad = c^2 - ab \qquad\quad = a^2 - bc$$

$$\therefore A^{(c)} = \begin{pmatrix} a^2 - bc & c^2 - ab & b^2 - ca \\ b^2 - ca & a^2 - bc & c^2 - ab \\ c^2 - ab & b^2 - ca & a^2 - bc \end{pmatrix}$$

「答をよくごらん. 計算のときの第 1 行 A_{11}, A_{12}, A_{13} は，$A^{(C)}$ では第 1 列に並べてある，第 2 行，第 3 行についても同じ」

「うっかり間違えそうですね」

「そのミスをやったら，次の本番では目も当てられない」

「その本番とは？」

「行列とその余因子行列との積です」

定理 17　正方行列 A の余因子行列を $A^{(C)}$ とすると

$$AA^{(C)} = |A| \cdot E \quad A^{(C)}A = |A| \cdot E$$

証明へのアプローチ

証明の仕方は，正方行列 A の次数が何次であっても大差ない. 3

次の実例で予測しょう.

$$AA^C = \begin{pmatrix} a_{11} & a_{12} & a_{13} \\ a_{21} & a_{22} & a_{23} \\ a_{31} & a_{32} & a_{33} \end{pmatrix} \begin{pmatrix} A_{11} & A_{21} & A_{31} \\ A_{12} & A_{22} & A_{32} \\ A_{13} & A_{23} & A_{33} \end{pmatrix}$$

この積を計算したものを

$$AA^C = \begin{pmatrix} P_{11} & P_{12} & P_{13} \\ P_{21} & P_{22} & P_{23} \\ P_{31} & P_{32} & P_{33} \end{pmatrix}$$

とおいて, 小わけに調べてみる. 第 1 列は

$$P_{11} = a_{11}A_{11} + a_{12}A_{12} + a_{13}A_{13}$$
$$P_{21} = a_{21}A_{11} + a_{22}A_{12} + a_{23}A_{13}$$
$$P_{31} = a_{31}A_{11} + a_{32}A_{12} + a_{33}A_{13}$$

P_{11} は第 1 行の成分とその余因子の積を加えたものだから $|A|$ を第 1 行について展開したもの. したがって $|A|$ 自身である.

P_{21} は第 2 行の成分と第 1 行の成分の余因子の積を加えたもの. 見方をかえれば P_{11} の第 1 行の成分を第 2 行の成分で置きかえたもの, その正体は

$$P_{12} = \begin{vmatrix} a_{21} & a_{22} & a_{23} \\ a_{21} & a_{22} & a_{23} \\ a_{31} & a_{32} & a_{33} \end{vmatrix} = 0 \quad \text{同様にして } P_{31} = 0$$

第 2 列では $P_{22} = |A|, P_{12} = P_{32} = 0$, 第 3 列でも同様に.

$$\therefore \quad AA^{(C)} = \begin{pmatrix} |A| & 0 & 0 \\ 0 & |A| & 0 \\ 0 & 0 & |A| \end{pmatrix} = |A| \cdot \begin{pmatrix} 1 & 0 & 0 \\ 0 & 1 & 0 \\ 0 & 0 & 1 \end{pmatrix} = |A| \cdot E$$

第 2 式も同様にして証明される.

　　　　　×　　　　　　　　　　×

「結果を眺めての実感は!」

「見事!　これがあるから数学は楽しい」

「行列や行列式の有難さのサンプルですね」

2. 行列の正則の条件

　以上の準備によって，正方行列が正則かどうかを見分ける有力な方法を手に入れたことになる.

定理 18　正方行列 A が正則であるための必要十分条件は

$$|A| \neq 0$$

証明　*必要条件の証明*

　A が正則であるとすると，$AX = E$ をみたす正方行列 X が存在する. 両辺の行列式を求めれば，

$$|AX| = |E| \quad \therefore |A| \cdot |X| = 1 \quad \therefore |A| \neq 0$$

十分条件の証明

　$|A| \neq 0$ とすると，$AA^{(C)} = A^{(C)}A = |A| \cdot E$ の各辺を $|A|$ で割って

$$A \cdot \frac{A^c}{|A|} = \frac{A^{(C)}}{|A|} \cdot A = E$$

よって $\dfrac{A^{(C)}}{|A|}$ は $AX = XA = E$ をみたす X の 1 つ行列であるから A は正則である.

　　　　　×　　　　　　　　　　×

「同じことがらも，表現をかえれば理解が深まるもの……

$$A \text{ は正則である } \rightleftarrows |A| \neq 0$$

2つの条件が同値ならば，それらの否定もまた同値だから

$$A \text{ は正則でない} \rightleftarrows |A| = 0$$

これで，A は正則かどうかを見分ける条件が手にはいった」

「証明の過程から，逆行列も求まった．

$$|A| \neq 0 \text{ のとき } A^{-1} = \frac{A^C}{|A|}$$

実例にあたってみる」

例 29 次の行列のうち正則なのはどれか．正則なものは逆行列を求めよ．

(1)
$$A = \begin{pmatrix} 3 & 5 \\ 4 & 9 \end{pmatrix}$$

(2)
$$A = \begin{pmatrix} 1 & -2 & 1 \\ 1 & 1 & -2 \\ -2 & 1 & 1 \end{pmatrix}$$

(3)
$$A = \begin{pmatrix} 1 & 1 & 1 \\ 1 & 2 & 3 \\ 2 & 3 & 5 \end{pmatrix}$$

解 (1)
$$|A| = \begin{vmatrix} 3 & 5 \\ 4 & 9 \end{vmatrix} = 7 \quad \text{正則．}$$

$$A_{11} = |9| = 9, A_{12} = -|4| = -4$$
$$A_{21} = -|5| = -5, A_{22} = |3| = 3 \qquad \therefore A^{-1} = \begin{pmatrix} \dfrac{9}{7} & -\dfrac{5}{7} \\ -\dfrac{4}{7} & \dfrac{3}{7} \end{pmatrix}$$

(2)
$$|A| = \begin{vmatrix} 1 & -2 & 1 \\ 1 & 1 & -2 \\ -2 & 1 & 1 \end{vmatrix} = \begin{vmatrix} 1 & 0 & 0 \\ 1 & 3 & -3 \\ -2 & -3 & 3 \end{vmatrix} = 0 \text{ 正則でない．}$$

(3)
$$|A| = \begin{vmatrix} 1 & 1 & 1 \\ 1 & 2 & 3 \\ 2 & 3 & 5 \end{vmatrix} = \begin{vmatrix} 1 & 0 & 0 \\ 1 & 1 & 1 \\ 2 & 1 & 2 \end{vmatrix} = \begin{vmatrix} 1 & 1 \\ 1 & 2 \end{vmatrix} = 1 \quad 正則.$$

$$A_{11} = \begin{vmatrix} 2 & 3 \\ 3 & 5 \end{vmatrix} = 1, \quad A_{12} = -\begin{vmatrix} 1 & 3 \\ 2 & 5 \end{vmatrix} = 1,$$

$$A_{13} = \begin{vmatrix} 1 & 2 \\ 2 & 3 \end{vmatrix} = -1$$

$$A_{21} = -\begin{vmatrix} 1 & 1 \\ 3 & 5 \end{vmatrix} = -2, \quad A_{22} = \begin{vmatrix} 1 & 1 \\ 2 & 5 \end{vmatrix} = 3,$$

$$A_{23} = -\begin{vmatrix} 1 & 1 \\ 2 & 3 \end{vmatrix} = -1$$

$$A_{31} = \begin{vmatrix} 1 & 1 \\ 2 & 3 \end{vmatrix} = 1, \quad A_{32} = -\begin{vmatrix} 1 & 1 \\ 1 & 3 \end{vmatrix} = -2,$$

$$A_{33} = \begin{vmatrix} 1 & 1 \\ 1 & 2 \end{vmatrix} = 1$$

$$\therefore \quad A^{-1} = \begin{pmatrix} 1 & -2 & 1 \\ 1 & 3 & -2 \\ -1 & -1 & 1 \end{pmatrix}$$

3. 行列のランク

　「目標は行列のランクの定義……行列式によるものです」

　「ランクは苦手です．定義がいろいろあるので……．」

　「いろいろあっても原理的には2通りです．行列式によるものと，ベクトルの1次独立によるもの」

　「定義は別でも，内容は……やや，結果は一致するのですか」

　「同値であることが証明できる，だから，結果でみれば同じことです．この本は行列式を学ぶのが主眼……そこでランクの定義も行

84

列式でいこうというわけです」

× × ×

1つの行列があれば，その中から同じ個数の行と列を選び，それらの交わるところの要素をそのままの順に並べると1つの行列式ができる．これを，もとの行列の小行列式という．たとえば

$$\begin{pmatrix} 4 & 5 & -3 & 2 \\ 3 & -2 & 7 & -2 \\ 1 & 0 & 4 & 6 \end{pmatrix}$$

の3次の小行列式は

$$\begin{vmatrix} 4 & 5 & -3 \\ 3 & -2 & 7 \\ 1 & 0 & 4 \end{vmatrix} \quad \begin{vmatrix} 4 & -3 & 2 \\ 3 & 7 & -2 \\ 1 & 4 & 6 \end{vmatrix}$$

など，全部で $_4C_3 = 4$ 個ある．2次の小行列式は

$$\begin{vmatrix} 4 & 5 \\ 3 & -2 \end{vmatrix} \quad \begin{vmatrix} 5 & -3 \\ -2 & 7 \end{vmatrix} \quad \begin{vmatrix} 4 & 5 \\ 1 & 0 \end{vmatrix} \quad \begin{vmatrix} -2 & -2 \\ 0 & 6 \end{vmatrix}$$

など，全部で $_3C_2 \times _4C_2 = 18$ 個ある．

とくに，1次の行列式というのは，要素が1つのもので，要素自身に等しく，全部で $3 \times 4 = 12$ 個ある．

× × ×

行列 A の小行列式のうち，$(r+1)$ 次以上のものはすべて0で，r 次のものの中には0でないものが少くとも1つあるとき，A の**階数**（rank）は r であるといい，$\mathrm{rank}\,A = r$ で表す．

A が (m,n) 型の行列ならば，定義から明かに

$$\mathrm{rank}\,A \leqq \min\{m,n\}$$

例30 次の行列 A, B のランクを求めよ．

(1)
$$A = \begin{pmatrix} 1 & -2 & -4 & 1 \\ -3 & 6 & 5 & -3 \\ -1 & 2 & 0 & 3 \end{pmatrix}$$

(2)
$$B = \begin{pmatrix} 9 & -3 & -3 & 3 \\ 3 & -1 & -1 & 5 \\ 6 & -2 & -2 & 2 \end{pmatrix}$$

解　(1) 第1列と第2列は比例するから，この2列を含む3次の小行列式は0であるが，第 $1,3,4$ 列の作る3次の小行列式は

$$\begin{vmatrix} 1 & -4 & 1 \\ -3 & 5 & -3 \\ 1 & 0 & 3 \end{vmatrix} = \begin{vmatrix} 1 & -4 & 0 \\ -3 & 5 & 0 \\ 1 & 0 & 2 \end{vmatrix} = -14 \neq 0 \quad \therefore \operatorname{rank} A = 3$$

(2) 第1行と第3行は比例するから3次の小行列式はすべて0である．また，第 $1,2,3$ 列は比例するから，この中から2列選んだ小行式の値も0である．第 $3,4$ 列から，さらに第 $1, 2$ 行を選べば

$$\begin{vmatrix} -3 & 3 \\ -1 & 5 \end{vmatrix} = -12 \neq 0 \quad \therefore \operatorname{rank} B = 2$$

4. 行列のランタの求め方

「行列のランクの定義はわかったけれど……」

「ランクを知るのは容易でないといいたいのだろう」

「そうだ．小行列式はたくさんある．その上，値が0かどうかを見るのも楽でない．簡便な方法がないのですか」

「行列を簡単なものに変えればよい」

「でも，そのためにランクまで変ったのでは，元も子もない」

「だから，行列の変形法の中から，ランクをかえないものを選ぶのです．それが，次の定理です」

定理 19　行列に次の操作を行っても，その行列のランクは変らない.

(1) 転置を行う（行と列をいれかえる）

(2) 2つ列をいれかえる. 行についても同じ.

(3) 1つの列に 0 でない数をかける. 行についても同じ.

(4) 1つの列を何倍かし，他の列に加える. 行についても同じ.

証明へのアプローチ

「行列式の性質によって自明，というよりは行列式の性質から気付いた定理じゃないですか」

「そういえばそうですが，(1) 以外は行列にもあるもの……いわゆる基本操作です. 行列式の独占のようにいうのは心外ですね. 基本操作の本命はむしろ行列です. 自明と軽々しくいう人がおるが，証明しにくいときに自明で逃げる手もあるから用心しませんとね. 本当に自明かどうか，ぜひ，証明にあたってほしいものだ. とくに，この定理は行列のランクを行列式によって定義したときは中核になるものです」

証明　(m, n) 行列 A に，定理にある操作のどれかを行ったものを B とする.

$$A \longrightarrow B$$
$$(\operatorname{rank} A = r) \qquad (\operatorname{rank} B = s)$$

$\operatorname{rank} A = r, \operatorname{rank} B = s$ として $r = s$ となることを証明しよう. A の小行列式は U, U' などで表し，B の小行列式は V, V' などで表すことに約束しておく.

（1）この場合の操作は転置であるから，A と B は行と列をいれかえたものである.

B の任意の $(r+1)$ 次以上の小行列式を V とし，それに転置を行った行列式を U とすると，U は A 小小行列式であって $U = V$ である. A のランクは r だから $U = 0$ したがって $V = 0$

次に A のランクは r だから r 次の小行列式で 0 に等しくないものがある. それを U' とする U' に転置を行った行列式 V' は B の小行列式であって，しかも $V' = U', U' \neq 0$ から $V' \neq 0$

以上から $\operatorname{rank} B = r$ である.

この証明ずみの定理（1）によって（2）以下の証明では，列について操作を行った場合を取挙げたのでよい.

（2）この場合の操作は 2 の列のいれかえである. A の第 i 列と第 j 列をいれかえたものを B とする.

$$A = \begin{pmatrix} \cdots & a_{1i} & \cdots & a_{1j} & \cdots \\ \cdots & \cdots & \cdots & \cdots & \cdots \\ \cdots & \cdots & \cdots & \cdots & \cdots \\ \cdots & a_{mi} & \cdots & a_{mj} & \cdots \end{pmatrix} \rightarrow B = \begin{pmatrix} \cdots & a_{1j} & \cdots & a_{1i} & \cdots \\ \cdots & \cdots & \cdots & \cdots & \cdots \\ \cdots & \cdots & \cdots & \cdots & \cdots \\ \cdots & a_{mj} & \cdots & a_{mi} & \cdots \end{pmatrix}$$

B の任意の $(r+1)$ 次以上の小行列式を V とする. V と全く同か，列の位置だけ異なる小行列式が A にもあるから，それを U とすると

$$V = U \text{ または } V = -U \qquad\qquad ①$$

の一方が成り立つ. A のランクは r だから $U = 0$, ゆえに $V = 0$

A には r 次の小行列式で値が 0 でないものがあるから，それを U' とする. U' と全く同じかまたは列の位置だけ異なる小行列式が B にもあるから，それを V' とると

$$V' = U' \text{ または } V' = -U' \qquad\qquad ②$$

88

の一方が成り立つ. よって $U' \neq 0$ から $V' \neq 0$

以上によって $\operatorname{rank} B = r$

(3) この場合の操作は 1 つの列に 0 でない数をかけること. A の第 i 列に $\lambda(\lambda \neq 0)$ をかけたものを B とする.

証明は (2) の証明の一部分を修正するだけでよい. すなわち①は $V = \lambda U$ または U に修正し, $U = 0$ から $V = 0$ を導く. ②は $V' = \lambda U'$ または U' に修正し, $U' \neq 0$ から $V' \neq 0$ を導く.

(4) 証明らしい証明になる場合である. A の第 j 列の λ 倍を第 i 列に加えたものを B とする.

$\operatorname{rank} B = r$ の証明は $r \geqq \operatorname{rank} B$ の場合と $r \leqq \operatorname{rank} B$ の場合に分けて行う.

$$A = \begin{pmatrix} \cdots & a_{1i} & \cdots & a_{1j} & \cdots \\ \cdots & \cdots & \cdots & \cdots & \cdots \\ \cdots & \cdots & \cdots & \cdots & \cdots \\ \cdots & a_{mi} & \cdots & a_{mj} & \cdots \end{pmatrix} \to B = \begin{pmatrix} \cdots & a_{1i}+\lambda a_{1j} & \cdots & a_{1j} & \cdots \\ \cdots & \cdots\cdots\cdots\cdots & \cdots & \cdots & \cdots \\ \cdots & \cdots\cdots\cdots\cdots & \cdots & \cdots & \cdots \\ \cdots & a_{mi}+\lambda a_{mj} & \cdots & a_{mj} & \cdots \end{pmatrix}$$

B の任意の $(r+1)$ 次以上の小行列式を V とする.

V が第 i 列を含まないとき V と全く同じ小行列式が A にもあるから, それを U とすると $V = U$

V が第 i 列を含むとき, 第 i 列は 2 組の数の和から成るから, 2 つの行列式の和に分けられる. それを $V = V' + \lambda V''$ とおくと V' と同じ A の小行列式 U' がある.

もし V が第 j 列も含むなら, V'' は第 j 列が 2 個所に現れるから値は 0 であるから $V = U'$

V が第 j 列を含まないときは V'' と列の位置だけ異なる小行列式が A の中にあるから, それを U'' とすると $V'' = U''$ または $V'' = -U''$ であるから $V = U' + \lambda U''$ または $V = U' - \lambda U''$ $U, U', U'' = 0$ から $V = 0$, B の $(r+1)$ 次以上の小行列式は 0 だから

$$r \geqq s$$

次に B の第 j 列の $-\lambda$ 倍を第 i 列に加えると A になることから，以上と同様の証明によって $s \geqq r$

$$\therefore \quad r = s$$

例 31　次の行列のランクを求めよ．

$$A = \begin{pmatrix} -3 & 9 & 5 & -7 \\ 1 & 0 & -2 & 3 \\ -2 & 9 & 3 & -4 \end{pmatrix}$$

解　先の定理の基本操作によって簡単な行列にかえる．

$$\begin{pmatrix} -3 & 9 & 5 & -7 \\ 1 & 0 & -2 & 3 \\ -2 & 9 & 3 & -4 \end{pmatrix} \rightarrow \begin{pmatrix} 1 & 0 & -2 & 3 \\ -3 & 9 & 5 & -7 \\ -2 & 9 & 3 & -4 \end{pmatrix} \rightarrow \begin{pmatrix} 1 & 0 & -2 & 3 \\ 0 & 9 & -1 & 2 \\ 0 & 9 & -1 & 2 \end{pmatrix}$$

第 2 行と第 1 行を交換する　　　第 2 行＋第 1 行×3　　　第 2 列÷9
　　　　　　　　　　　第 3 行＋第 1 行×2　　　第 3 行－第 2 行

$$\begin{pmatrix} 1 & 0 & -2 & 3 \\ 0 & 1 & -1 & 2 \\ 0 & 0 & 0 & 0 \end{pmatrix} \rightarrow \begin{pmatrix} 1 & 0 & 0 & 0 \\ 0 & 1 & -1 & 2 \\ 0 & 0 & 0 & 0 \end{pmatrix} \rightarrow \begin{pmatrix} 1 & 0 & 0 & 0 \\ 0 & 1 & 0 & 0 \\ 0 & 0 & 0 & 0 \end{pmatrix}$$

第 3 列＋第 1 列×2　　　第 3 列＋第 2 列
第 4 列－第 1 列×3　　　第 4 列－第 2 列×2

最後の行列を B とすると，B の 3 次の小行列式はすべて 0 で，2 次の小行列式の 1 つ

$$\begin{vmatrix} 1 & 0 \\ 0 & 1 \end{vmatrix} = 1$$

は 0 でないから $\mathrm{rank}\, B = 2$ である．基本操作 (2) ～ (4) によって行列のランクは変らないから $\mathrm{rank}\, A = \mathrm{rank}\, B$

$$\therefore \mathrm{rank}\, A = 2$$

例 32 a が実数のとき，次の行列のランクを求めよ.

$$A = \begin{pmatrix} a & 1 & 1 \\ 1 & a & 1 \\ 1 & 1 & a \end{pmatrix}$$

解

$$A = \begin{pmatrix} a & 1 & 1 \\ 1 & a & 1 \\ 1 & 1 & a \end{pmatrix} \rightarrow \begin{pmatrix} 1 & 1 & a \\ 1 & a & 1 \\ a & 1 & 1 \end{pmatrix} \rightarrow \begin{pmatrix} 1 & 1 & a \\ 0 & a-1 & 1-a \\ 0 & 1-a & 1-a^2 \end{pmatrix}$$

第 1 行と第 第 2 行 − 第 1 行 第 3 行 + 第 2 行
3 行を交換 第 3 行 − 第 1 行 × a

$$\rightarrow \begin{pmatrix} 1 & 1 & a \\ 0 & a-1 & 1-a \\ 0 & 0 & 2-a-a^2 \end{pmatrix} \rightarrow \begin{pmatrix} 1 & 0 & 0 \\ 0 & a-1 & 1-a \\ 0 & 0 & (1-a)(2+a) \end{pmatrix} = B$$

第 2 列 − 第 1 列
第 3 列 − 第 1 行 × a

$$|B| = -(a-1)^2(a+2)$$

$a \neq 1, a \neq -2$ のとき $|B| \neq 0$ ∴ $\operatorname{rank} B = 3$

$$\therefore \operatorname{rank} A = 3$$

$a = -2$ のとき

$$B = \begin{pmatrix} 1 & 0 & 0 \\ 0 & -3 & 3 \\ 0 & 0 & 0 \end{pmatrix} \qquad \operatorname{rank} B = 2$$
$$\therefore \quad \operatorname{rank} A = 2$$

$a = 1$ のとき

$$B = \begin{pmatrix} 1 & 0 & 0 \\ 0 & 0 & 0 \\ 0 & 0 & 0 \end{pmatrix} \qquad \operatorname{rank} B = 1$$
$$\therefore \quad \operatorname{rank} A = 1$$

$$
答\begin{cases}
a \neq 1, a \neq -2 \text{ のとき} & 3 \\
a = -2 \text{ のとき} & 2 \\
a = 1 \text{ のとき} & 1
\end{cases}
$$

定理 20　行列 A に行または列を追加して作った行列を B とすると

$$\operatorname{rank} A \leqq \operatorname{rank} B$$

たとえば

$$
A = \begin{pmatrix} a_1 & a_2 & a_3 \\ b_1 & b_2 & b_3 \end{pmatrix} \rightarrow B = \begin{pmatrix} a_1 & a_2 & a_3 & a_4 & a_5 \\ b_1 & b_2 & b_3 & b_4 & b_5 \\ c_1 & c_2 & c_3 & c_4 & c_5 \end{pmatrix}
$$

とすると, $\operatorname{rank} B$ は $\operatorname{rank} A$ より小さくなることはない,

　証明　A のランクを r とすると, $r \neq 0$ のとき, A には 0 でない r 次の小行列式が少くとも 1 つはある. それを U とすると, U は B 小行列式でもあるから, B には 0 でない r 次の小行列式がある. したがって B のランクは r より小さくなることがない.

$$\therefore r \leqq \operatorname{rank} B \quad \therefore \operatorname{rank} A \leqq \operatorname{rank} B$$

練習問題 5

20　次の行列 A に逆行列があるか. あるならば, それを求めよ.

(1) $A = \begin{pmatrix} 1 & 1 & -1 \\ 1 & -1 & 1 \\ 1 & -1 & -1 \end{pmatrix}$　　(2) $A = \begin{pmatrix} 0 & 0 & a \\ 0 & b & 0 \\ c & 0 & 0 \end{pmatrix}$

(3)
$$A = \begin{pmatrix} 1 & 1 & 1 \\ 1 & \omega & \omega^2 \\ 1 & \omega^2 & \omega \end{pmatrix}$$

ただし，$abc \neq 0, \omega$ は1虚立方根の1つである．

21 次の行列のランクを求めよ．

(1)
$$A = \begin{pmatrix} 1 & 1 & 1 & 3 \\ 1 & 2 & 1 & 3 \\ 1 & 1 & 1 & 3 \end{pmatrix}$$

(2)
$$A = \begin{pmatrix} 2 & 3 & -2 & -2 \\ 1 & 4 & -2 & -2 \\ 1 & 3 & -1 & -2 \\ 3 & 7 & -4 & -4 \end{pmatrix}$$

22 行列 A, B の間に次の関係があるとき，$|B| = k|A|$ は正しいか．

$$B = kA, \quad A = \begin{pmatrix} a_{11} & a_{12} & a_{13} \\ a_{21} & a_{22} & a_{23} \\ a_{31} & a_{32} & a_{33} \end{pmatrix}$$

23 3次の正方行列 A の余因子行列を $A^{(C)}$ とするとき，次のことを証明せよ．ただし $|A| \neq 0$ の場合を証明するだけでよい．

$$\left| A^{(C)} \right| = |A|^2$$

24 右の行列 A の余因子行列を用いて次の等式を証明せよ．

$$A = \begin{pmatrix} x & y & z \\ z & x & y \\ y & z & x \end{pmatrix}$$

$$X^3 + Y^3 + Z^3 - 3XYZ$$
$$= \left(x^3 + y^3 + z^3 - 3xyz \right)^2$$

ただし $X = x^2 - yz, Y = y^2 - zx, Z = z^2 - xy$ とする．

§6. 連立一次方程式

1. クラメルの公式

「またクラメルの公式ですか」

「前のは，行列式を導くことが主役で，クラメルの公式は脇役であった．今度は行列式の性質をフルに用いてクラメルの公式を導こうというのです．新味はスマートさ，そこへ一般化のわさびをきかす趣向といきたい」

「行列式の性質で，特にきくのはなんですか」

「余因子です．簡単に復習しておこう．行列式 D で

　　　ある列の成分とその列の余因子の積の和 $= D$

　　　ある列の成分と他の列の余因子の積の和 $= 0$

列を行にかえても同じこと．この等式は結婚みたいなもの」

「結婚？？なんのことですか」

「結婚では相性がたいせつ，虫のすかん相手では，仲人がいくらやっきになっても見込みがない．要素と余因子の積の和を作る場合も，第 i 列の成分に第 i 列の余因子なら相性で，結果は行列式自身になる．だが第 i 列の成分に，これと異なる第 j 列の余因子では結果はゼロ」

「でも，ゼロは有難いこともあるが」

「確かに，消えてほしいものはゼロでないとね．短所は長所でもある．使い道によるということですね」

「ゼロとバカは使いよう」

「いや，ゼロと 3 は使いようです．連立 1 次方程式のサンプルとして 3 元の場合を選ぼう．一般化のために 2 重サフィックスで……

$$a_{11}x_1 + a_{12}x_2 + a_{13}x_3 = b_1 \qquad ①$$

$$a_{21}x_1 + a_{22}x_2 + a_{23}x_3 = b_2 \qquad ②$$

$$a_{31}x_1 + a_{32}x_2 + a_{33}x_3 = b_3 \qquad ③$$

加減法によりたい．何をかけて加えるか，そのかけるものが成否の

カギを握っている」

「それは余因子でしょう．係数の作る行列式の……

$$D = \begin{vmatrix} a_{11} & a_{12} & a_{13} \\ a_{21} & a_{22} & a_{23} \\ a_{31} & a_{32} & a_{33} \end{vmatrix}$$

x_1 の係数は第1列の成分…... だから第1列の余因子をかけてたす．

$①\times A_{11} + ②\times A_{21} + ③\times A_{31}$

$$Dx_1 + 0 \cdot x_2 + 0 \cdot x_3 = b_1 A_{11} + b_2 A_{21} + b_3 A_{31}$$

↑ Σ（第3列の成分×第1列の余因子）

Σ（第2列の成分×第1列の余因子）

Σ（第1列の成分×第1列の余因子）　　　　　　　　　④

さて右辺の正体はなにか」

「この式とくらべてごらん．

$$a_{11}A_{11} + a_{21}A_{21} + a_{31}A_{31} = \begin{vmatrix} a_{11} & a_{12} & a_{13} \\ a_{21} & a_{22} & a_{23} \\ a_{31} & a_{32} & a_{33} \end{vmatrix}$$

a_{11}, a_{21}, a_{31} を b_1, b_2, b_3 にかえれば？」

「なるほど．④の右辺は D の第1列を定数項 b_1, b_2, b_3 で置きかえたものだ．そこで $D \neq 0$ のとき④から

$$x_1 = \frac{1}{D} \begin{vmatrix} b_1 & a_{12} & a_{13} \\ b_2 & a_{22} & a_{23} \\ b_3 & a_{32} & a_{33} \end{vmatrix}$$

余因子の偉力，見事な消去振りですね」

「行列式としては当然でしょう．生れ故郷での活躍のようなもの」

「x_2, x_3 は計算するまでもない，第 1 列をそれぞれ第 2 列，第 3 列にかえれば万事終り．

$$x_2 = \frac{1}{D} \begin{vmatrix} a_{11} & b_1 & a_{13} \\ a_{21} & b_2 & a_{23} \\ a_{31} & b_3 & a_{33} \end{vmatrix} \quad x_3 = \frac{1}{D} \begin{vmatrix} a_{11} & a_{12} & b_1 \\ a_{21} & a_{22} & b_2 \\ a_{31} & a_{32} & b_3 \end{vmatrix}$$

一般化したものの式は書く必要もなさそうです」

「まあ，総括として，一応書いておこう」

定理 21　n 元の連立 1 次方程式

$$a_{11}x_1 + a_{12}x_2 + \cdots\cdots + a_{1n}x_n = b_1$$
$$a_{21}x_1 + a_{22}x_2 + \cdots\cdots + a_{2n}x_n = b_2$$
$$\cdots\cdots\cdots\cdots\cdots\cdots\cdots\cdots\cdots\cdots$$
$$a_{n1}x_1 + a_{n2}x_2 + \cdots\cdots + a_{nn}x_n = b_n$$

の解は，係数の作る行列式を D とし，D の第 i 列を定数項で置き換えた行列式を D_i とすると

$$D \neq 0 \text{ のとき} \quad x_i = \frac{D_i}{D} \quad (i = 1, 2, \cdots, n)$$

「$D = 0$ のときが残っているが」

「それは，あとで考える．いまは $D \neq 0$ の場合で精一杯です」

例 33　次の方程式を解け．ただし $a \neq 0$ とする．

$$\begin{cases} 3x + ay + az = a \\ 2x + (a+1)y + 2z = 2 \\ x + y + (a+2)z = 1 \end{cases}$$

解 クラメルの公式にあてはめる.

$$D = \begin{vmatrix} 3 & a & a \\ 2 & a+1 & 2 \\ 1 & 1 & a+2 \end{vmatrix} = \begin{vmatrix} 0 & a-3 & -2a-6 \\ 0 & a-1 & -2a-2 \\ 1 & 1 & a+2 \end{vmatrix}$$

$$= 2\begin{vmatrix} a-3 & -a-3 \\ a-1 & -a-1 \end{vmatrix} = 2\begin{vmatrix} -6 & -a-3 \\ -2 & -a-1 \end{vmatrix} = 8a$$

$$D_1 = \begin{vmatrix} a & a & a \\ 2 & a+1 & 2 \\ 1 & 1 & a+2 \end{vmatrix} = \begin{vmatrix} a & 0 & 0 \\ 2 & a-1 & 0 \\ 1 & 0 & a+1 \end{vmatrix} = a(a-1)(a+1)$$

$$D_2 = \begin{vmatrix} 3 & a & a \\ 2 & 2 & 2 \\ 1 & 1 & a+2 \end{vmatrix} = \begin{vmatrix} 3 & a & 0 \\ 2 & 2 & 0 \\ 1 & 1 & a+1 \end{vmatrix} = -2(a+1)(a-3)$$

$$D_3 = \begin{vmatrix} 3 & a & a \\ 2 & a+1 & 2 \\ 1 & 1 & 1 \end{vmatrix} = \begin{vmatrix} 3 & a & a-3 \\ 2 & a+1 & 0 \\ 1 & 1 & 0 \end{vmatrix} = -(a-3)(a-1)$$

$D \neq 0$ であるから

$$x = \frac{D_1}{D} = \frac{(a-1)(a+1)}{8}, \quad y = \frac{D_2}{D} = -\frac{(a+1)(a-3)}{4a}$$
$$z = \frac{D_3}{D} = -\frac{(a-3)(a-1)}{8a}$$

2. 解が1つだけ存在の十分条件

「先に正則条件を知った.それなのに,なぜ逆行列を用いないのですか」

98

「もっともな疑問……行列で当ってみよう.

$$
\begin{pmatrix} a_{11} & a_{12} & a_{13} \\ a_{21} & a_{22} & a_{23} \\ a_{31} & a_{32} & a_{33} \end{pmatrix} \begin{pmatrix} x_1 \\ x_2 \\ x_3 \end{pmatrix} = \begin{pmatrix} b_1 \\ b_2 \\ b_3 \end{pmatrix} \quad Ax = b
$$

これは簡単に $Ax = b$ と表される. $3x = 5$ を解くのに 3^{-1} を両辺にかけ $x = 3^{-1} \cdot 5$ とするのをまねようというのです. もちろん, いまのところ $|A| \neq 0$ の場合だけを考える」

「$|A| \neq 0$ ならば, A には逆行列 A^{-1} がある. A^{-1} を $Ax = b$ にかけて……」

「正しくは……両辺の左からかけて」

「両辺の左からかけて

$$
A^{-1}Ax = A^{-1}b \longrightarrow Ex = A^{-1}b \longrightarrow x = A^{-1}b
$$

スマートに解けた. これが解ですね」

「いや厳密に考えれば, まだ, 解かどうか明かでない. わかったのは $Ax = b$ に解があるとすると, その解は $x = A^{-1}b$ であるということ……」

「なるほど. わかったのは, $|A| \neq 0$ のとき

$$
Ax = b \longrightarrow x = A^{-1}b
$$

いまほしいのは, この逆, つまり, $Ax = b$ は $A^{-1}b$ を解にもつということ……代入してみればよい.

$$
Ax = A(A^{-1}b) = (AA^{-1})b = Eb = b
$$

これで $A^{-1}b$ は解の 1 つであることが分った」

「いや, くわしくみれば, ただ 1 つの解をもつことが分ったのです」

「へんですね, そこまで分ったのですか」

「そうですよ．後半で分ったのは，$A^{-1}\boldsymbol{b}$ が解の1つであること．一方前半で分ったのは，解をもつとすると，その解は $A^{-}\boldsymbol{b}$ に限るということ……」

「そうか．それを組合せると $|A| \neq 0$ のとき $A\boldsymbol{x} = \boldsymbol{b}$ は解として $A^{-1}\boldsymbol{b}$ だけを持つことになりますね」

「重要な定理だから，まとめておこう」

定理 22　未知数と方程式の数の等しい連立一次方程式 $A\boldsymbol{x} = \boldsymbol{b}$ は $|A| \neq 0$ のときただ1つの解をもち，その解は

$$\boldsymbol{x} = A^{-1}\boldsymbol{b} \qquad （ただ1つの解の存在定理）$$

「これが，連立一次方程式としては存在定理の No.1 です」

「このままでは，実感がわかないですが」

「それなら，書きかえてみては……予備知識 $A^{-1} = \dfrac{A^{(c)}}{|A|}$ があった．

$$\boldsymbol{x} = \frac{1}{|A|}A^{(c)}\boldsymbol{b}$$

これを，さらに要素で表せば，君の希望通りのものが現れるよ」

「3元の場合でやってみる．

$$\begin{pmatrix} x_1 \\ x_2 \\ x_3 \end{pmatrix} = \frac{1}{|A|}\begin{pmatrix} A_{11} & A_{21} & A_{31} \\ A_{12} & A_{22} & A_{32} \\ A_{13} & A_{23} & A_{33} \end{pmatrix}\begin{pmatrix} b_1 \\ b_2 \\ b_3 \end{pmatrix} = \frac{1}{|A|}\begin{pmatrix} b_1 A_{11}+b_2 A_{21}+b_3 A_{31} \\ b_1 A_{12}+b_2 A_{22}+b_3 A_{32} \\ b_1 A_{13}+b_2 A_{23}+b_3 A_{33} \end{pmatrix}$$

なるほど，D_1, D_2, D_3 が現れた」

「ここでは $|A_1|, |A_2|, |A_3|$ を用いるのがよい」

「そうですね，D に代るのが $|A|$ だから

$$\begin{pmatrix} x_1 \\ x_2 \\ x_3 \end{pmatrix} = \frac{1}{|A|} \begin{pmatrix} |A_1| \\ |A_2| \\ |A_3| \end{pmatrix} \quad x_1 = \frac{|A_1|}{|A|}, \quad x_2 = \frac{|A_2|}{|A|}, \quad x_3 = \frac{|A_3|}{|A|}$$

$|A_j|$ は $|A|$ の第 j 列を b_1, b_2, b_3 で置きかえたもの」

「この解き方は，要するに，§1. で試みた加減法を逆行列によって一気にやったに過ぎない．ところで，その応用的価値を知りたいだろう．例題に当ってみる」

例 34　次の方程式を逆行列で解け．

$$\begin{cases} x + 2y - 3z = -4 \\ 3x + 5y - 4z = -5 \\ 2x - 5y - 7z = 9 \end{cases}$$

解

$$\begin{pmatrix} 1 & 2 & -3 \\ 3 & 5 & -4 \\ 2 & -5 & -7 \end{pmatrix} \begin{pmatrix} x \\ y \\ z \end{pmatrix} = \begin{pmatrix} -4 \\ -5 \\ 9 \end{pmatrix}$$

$$|A| = \begin{vmatrix} 1 & 2 & -3 \\ 3 & 5 & -4 \\ 2 & -5 & -7 \end{vmatrix} = \begin{vmatrix} 1 & 0 & 0 \\ 3 & -1 & 5 \\ 2 & -9 & -1 \end{vmatrix} = \begin{vmatrix} -1 & 5 \\ -9 & -1 \end{vmatrix} = 46$$

$A_{11} = -55, A_{12} = 13, A_{13} = -25$

$A_{21} = 29, A_{22} = -1, A_{23} = 9$

$A_{31} = 7, A_{32} = -5, A_{33} = -1$

公式にあてはめて

$$\begin{pmatrix} x \\ y \\ z \end{pmatrix} = \frac{1}{46} \begin{pmatrix} -55 & 29 & 7 \\ 13 & -1 & -5 \\ -25 & 9 & -1 \end{pmatrix} \begin{pmatrix} -4 \\ -5 \\ 9 \end{pmatrix} = \begin{pmatrix} 3 \\ -2 \\ 1 \end{pmatrix}$$

$$x = 3, y = -2, z = 1$$

×　　　　　　　　×

「こんな簡単な解を求めるのに，この努力．連立方程式を解くのに余因子行列を用いるのは実用的でない」

「効用はもっぱら理論上のものですか」

「人間にも評論向きと実践向きのタイプがある．数学も同じことで，存在向きと構成向きがある．前者が理論的で後者が実用的」

「2 刀流の才人もいますよ」

「数学も，それは同じことですね」

「連立一次方程式を解く実用的方法は？」

「行列に基本操作を用いるもの……これについては行列の本で学んでほしい」

3. 自明でない解の在存条件

「連立一次方程式のうち同次のもの，つまり定数項がすべて 0 のものは重要です．理論上も，応用上も…… "簡単な実例でさぐりをいれよう．

(1) $\begin{cases} 2x + 3y = 0 \\ 5x + 7y = 0 \end{cases}$ 　(2) $\begin{cases} 3x - 6y = 0 \\ 2x - 4y = 0 \end{cases}$

この解について，すぐ気付くことは？」

「$x = y = 0$ を解にもつ」

「そう，必ず $x = y = 0$ が解です．必ずあるものは有難味がうすい．そんな解は自明じゃないか，というわけで自明解と呼ぶように

なった」

「じゃ，存在が問題になるのは自明でない解ですね」

「そう，（1）を加減法で解いてみると $x = y = 0$ で，自明解のみ．ところが，（2）は簡単にすると，どちらも $x - 2y = 0$ だから $x = 2, y = 1; x = 4, y = 2$ というように，自明でない解が無数にある．$x : y = 2 : 1$ となるものならなんでもよい」

「もっと，一般的結論を知りたい．文字係数で当ってみる．

$$\begin{cases} ax + by = 0 & ① \\ cx + dy = 0 & ② \end{cases}$$

① $\times d -$ ② $\times b$　$(ad - bc)x = 0$　　　　　　　　　③

② $\times a -$ ① $\times c$　$(ad - bc)y = 0$　　　　　　　　　④

$ad - bc \neq 0$ ならば $x = y = 0$ 自明な解だけ．

$ad - bc = 0$ ならば x, y は任意．自明でない解がある」

「君のは同値無視だから信用できない．①，②から③，④は出たが，逆が不明．だから③，④に自明でない解があっても，①，②に自明でない解があるかどうか不安だ」

「弱った．高校では，これでよかったのに…..」

「高校では……は君の誤解．数学にふた心はない．知りたいことは，自明でない解をもつための必要十分条件が $ad - bc = 0$ であること．すなわち

$$ad - bc = 0 \rightleftarrows \text{自明でない解が存在}$$

これを，ガッチリ証明してみることです．

←の証明　①，②が自明でない解をもてば，その解に対し①，②は成り立つ．したがって③，④は成り立つ．x, y の少くとも一方は 0 でないのだから $ad - bc = 0$

→の証明　同値性を保って x を消去したい．それには①または②の係数が 0 でないとよい．そこで場合分けを試みる．

　a, c がともに 0 のとき $x = 1, y = 0$ は①，②をみたすから自明でない解 $(1, 0)$ がある.

　a, c の少くとも 1 つが 0 でないとき，たとえば $a \neq 0$ とすると① $\times \dfrac{c}{a}$ を②からひいて x を消去できる.

$$\begin{cases} ax + by = 0 & ① \\ 0 \cdot y = 0 & ②' \end{cases}$$

②′には 0 でない y の値がある. たとえば $y = 1$ とすると①から $x = -\dfrac{b}{a}\cdots\cdots$. 自明でない解 $\left(-\dfrac{b}{a}, 1\right)$ がみつかった」

「なるほど. ガッチリと証明してみよ，の意味が分った」

「わかったことは一般化しなければ生産的でない，もとの方程式をかきかえて

$$\begin{pmatrix} a & b \\ c & d \end{pmatrix} \begin{pmatrix} x \\ y \end{pmatrix} = \begin{pmatrix} 0 \\ 0 \end{pmatrix} \quad A = \begin{pmatrix} a & b \\ c & d \end{pmatrix}$$

　$ad - bc$ は行列 A の行列式だから，$|A| = 0$ は自明でない解をもつことと同値. 何元であってもよいとすると次の定理が予想される」

定理23　未知数と方程式の個数の等しい同次の連立一次方程式 $Ax = 0$ が自明でない解をもつための必要十分条件は $|A| = 0$ である.
（自明でない解の存在定理）

証明のリサーチ

　証明することの整理からスタートする.

　(1) $|A| = 0 \longrightarrow$ 自明でない解をもつ

　(2) $|A| = 0 \longleftarrow$ 自明でない解をもつ

直接証明が無理ならば，間接証明の道むある. たとえば (2) は対偶をとると

(2)′ $|A| \neq 0 \longrightarrow$ 自明な解のみをもつ

この証明は簡単. 前に定理を思い出してごらん」

「前の定理で $\boldsymbol{b} = \boldsymbol{0}$ となった特別の場合 ...... $|A| \neq 0$ ならば解は

$$\boldsymbol{x} = A^{-1}\boldsymbol{b} = A^{-1}\boldsymbol{0} = \boldsymbol{0}$$

だけであった」

「これで，(2) は証明された. むずかしいのは (1) ......残念ながら，いままでの知識からスラリとは出そうにない」

「帰納的に考えてはどうですか. 2元のときは分っているのだから 2元から 3元へ，3元から 4元へと......」

「君から，その発想をきくのはうれしい. 実行で最終の美を.....」

「2元から 3元へ

$$a_1 x_1 + a_2 x_2 + a_3 x_3 = 0 \qquad\qquad ①$$
$$b_1 x_1 + b_2 x_2 + b_3 x_3 = 0 \qquad\qquad ②$$
$$c_1 x_1 + c_2 x_2 + c_3 x_3 = 0 \qquad\qquad ③$$

3元の場合を 2元の場合で解明するには一元消去......たとえば x_1 を消去するにはその係数に 0 でないものがほしい，場合分けへ.

$\boldsymbol{a_1, b_1, c_1}$ **がすべて 0 のとき** $x_1 = 1, x_2 = 0, x_3 = 0$ は解の 1 つだから自明でない解を持っている.

$\boldsymbol{a_1, b_1, c_1}$ **に 0 でないものがあるとき** $a_1 \neq 0$ としても一般性を失わない.

$$a_1 x_1 + a_2 x_2 + a_3 x_3 = 0 \qquad\qquad ①$$

②$-$① $\times \dfrac{b_1}{a_1}$ $\quad \left(b_2 - \dfrac{a_2 b_1}{a_1}\right) x_2 + \left(b_3 - \dfrac{a_3 b_1}{a_1}\right) x_3 = 0 \qquad ②′$

③$-$① $\times \dfrac{c_1}{a_1}$ $\quad \left(c_2 - \dfrac{a_2 c_1}{a_1}\right) x_2 + \left(c_3 - \dfrac{a_3 c_1}{a_1}\right) x_3 = 0 \qquad ③′$

①，②′，③′ は①，②，③と同値だから①，②′，③′ が自明でない解をもてばよい. ②′，③′ は 2 の場合だから証明ズミ，その結

果を用いるには，左辺の係数のつくる行列式 D' が 0 でなければならない．しかし，それがわからない」

「それはね．$D = 0$ から出る．D の第 1 行 $\times \dfrac{b_1}{a_1}$ を第 2 行からひき，第 1 行 $\times \dfrac{c_1}{a_1}$ を第 3 行からひいてごらん」

「その操作は，方程式で x_1 を消去するのと同じですね．

$$D = \begin{vmatrix} a_1 & a_2 & a_3 \\ b_1 & b_2 & b_3 \\ c_1 & c_2 & c_3 \end{vmatrix} = \begin{vmatrix} a_1 & a_2 & a_3 \\ 0 & b_2 - \dfrac{a_2 b_1}{a_1} & b_3 - \dfrac{a_3 b_1}{a_1} \\ 0 & c_2 - \dfrac{a_2 c_1}{a_1} & c_3 - \dfrac{a_3 c_1}{a_1} \end{vmatrix}$$

分った．第 1 列について展開すると $D = a_1 D'$，ところが $D = 0$ だから $D' = 0$」

「$D' = 0$ ならば②′，③′ は自明でない解をもつことはわかっている．その解を α_2, α_3 とし，それらを①に代入すれば x_1 の値が求まるから，それを α_1 とすると，$(\alpha_1, \alpha_2, \alpha_3)$ は①，②′，③′ をみたすから①，②，③もみたす．しかも，α_2, α_3 の少くとも一方は 0 でないのだから $(\alpha_1, \alpha_2, \alpha_3)$ は自明でない解です」

「いや，美事！　君の帰納的考えは本物になって来た．これなら 3 元から 4 元，4 元から 5 元へ…….　やがて k 元から $(k+1)$ 元へと一般化の希望がもてるよ」

4. 消去法

「自明でない解の存在定理は消去の原理でもある」

「意外な応用ですね．そのわけは……」

「$A\boldsymbol{x} = \boldsymbol{0}$ は $\boldsymbol{x}$ を含むが，$|A| = 0$ は $\boldsymbol{x}$ を含まないからです．2 元でみると

106

$$\begin{cases} a_1 x_1 + a_2 x_2 = 0 \\ b_1 x_1 + b_2 x_2 = 0 \\ \text{自明でない解をもつ} \end{cases} \quad\blacksquare\quad \begin{vmatrix} a_1 & a_2 \\ b_1 & b_2 \end{vmatrix} = 0$$

x_1, x_2 を一気に消去……強力な定理でしょう！」

「応用がたくさんありそうですが」

「予想通りです．興味のあるものを二三取り挙げてみよう」

例 35 異なる 2 点 $(x_1, y_1), (x_2, y_2)$ を通る直線の方程式を求めよ．

解 求める直線の方程式を

$$ax + by + c = 0 \qquad\qquad ①$$

とする．点 $(x_1, y_1), (x_2, y_2)$ はこれをみたすから

$$ax_1 + by_1 + c = 0 \qquad\qquad ②$$
$$ax_2 + by_2 + c = 0 \qquad\qquad ③$$

a, b の少くとも一方は 0 でないから，①，②，③を a, b, c についての連立方程式とみると，自明でない解をもつ．したがって定理によって

$$\begin{vmatrix} x & y & 1 \\ x_1 & y_1 & 1 \\ x_2 & y_2 & 1 \end{vmatrix} = 0 \qquad\qquad ④$$

これが求める方程式であることをいえばよい．④は x, y についての 1 次方程式で，x, y の係数 $y_1 - y_2, x_2 - x_1$ の少くとも一方は 0 でないから直線を表す．しかも $x = x_1, y = y_1$ は④をみたすから，

この直線は点 (x_1, y_1) を通る．同じ理由で点 (x_2, y_2) も通る．したがって④は求める直線である．

例 36　3 直線 $a_i x + b_i y + c_i = 0\,(c' = 1, 2, 3)$ が 1 点を共有するか，または互に平行であるための条件を求めよ．

解　3 直線が 1 点を共有したとすると

$$\begin{cases} a_1 x + b_1 y + c_1 = 0 \\ a_2 x + b_2 y + c_2 = 0 \\ a_3 x + b_3 y + c_3 = 0 \end{cases} \qquad ①$$

は，$x, y, 1$ についての方程式とみれば，自明でない解をもつから

$$D = \begin{vmatrix} a_1 & b_1 & c_1 \\ a_2 & b_2 & c_2 \\ a_3 & b_3 & c_3 \end{vmatrix} = 0 \qquad ②$$

また，3 直線が互いに平行であるとすると

$$\begin{vmatrix} a_2 & b_2 \\ a_3 & b_3 \end{vmatrix} = 0, \begin{vmatrix} a_1 & b_1 \\ a_3 & b_3 \end{vmatrix} = 0, \begin{vmatrix} a_1 & b_1 \\ a_2 & b_2 \end{vmatrix} = 0 \qquad ③$$

このときも

$$D = c_1 \begin{vmatrix} a_2 & b_2 \\ a_3 & b_3 \end{vmatrix} - c_2 \begin{vmatrix} a_1 & b_1 \\ a_3 & b_3 \end{vmatrix} + c_3 \begin{vmatrix} a_1 & b_1 \\ a_2 & b_2 \end{vmatrix} = 0$$

となって②は成り立つ．

逆に②が成り立つとすると，u, v, w についての連立方程式

$$\begin{cases} a_1 u + b_1 v + c_1 w = 0 \\ a_2 u + b_2 v + c_2 w = 0 \\ a_3 u + b_3 v + c_3 w = 0 \end{cases} \qquad ④$$

は自明でない解をもつ.

$w \neq 0$ のとき ④の各式を w で割って $\dfrac{u}{w} = x, \dfrac{v}{w} = y$ とおくと①はこれを解にもつことがわかる. したがって 3 直線は 1 点 $\left(\dfrac{u}{w}, \dfrac{v}{w} \right)$ を共有する.

$w = 0$ のとき ④から

$$
\begin{cases}
a_1 u + b_1 v = 0 \\
a_2 u + b_2 v = 0 \\
a_3 u + b_3 v = 0
\end{cases}
\qquad ⑤
$$

u, v の少くとも一方は 0 でないから⑤は自明でない解をもつ. したがって, 2 つずつ組合せて定理 23 を用いると③が成り立ち, 3 直線は互に平行になる.

以上により②は求める条件である.

例 37 次の 2 つの方程式が共通根をもつための条件を求めよ.

$$
ax^2 + bx + c = 0 \, (a \neq 0) \qquad ①
$$

$$
px^2 + qx + r = 0 \, (p \neq 0) \qquad ②
$$

解 ①, ②が共通根をもつとし, その 1 つを λ とすれば

$$
a\lambda^2 + b\lambda + c = 0
$$

$$
p\lambda^2 + q\lambda + r = 0
$$

これらに λ をかけた式を追加して

$$
\begin{cases}
a\lambda^2 + b\lambda + c \cdot 1 = 0 \\
a\lambda^3 + b\lambda^2 + c\lambda \quad\;\; = 0 \\
p\lambda^2 + q\lambda + r \cdot 1 = 0 \\
p\lambda^3 + q\lambda^2 + r\lambda \quad\;\; = 0
\end{cases}
$$

これらは λ に対して成り立つから，$\lambda^3, \lambda^2, \lambda, 1$ についての連立方程式とみると，自明でない解をもつ．したがって

$$
\begin{vmatrix}
0 & a & b & c \\
a & b & c & 0 \\
0 & p & q & r \\
p & q & r & 0
\end{vmatrix} = 0
\tag{③}
$$

逆に③が成り立ったとする．①の2根を α, β とし，②の2根を γ, δ とすると $b = -a(\alpha + \beta), c = a\alpha\beta, q = -p(\gamma + \delta), r = p\gamma\delta$，これらを③に代入し a, p を除くと

$$
\begin{vmatrix}
0 & 1 & -\alpha - \beta & \alpha\beta \\
1 & -\alpha - \beta & \alpha\beta & 0 \\
0 & 1 & -\gamma - \delta & \gamma\delta \\
1 & -\gamma - \delta & \gamma\delta & 0
\end{vmatrix} = 0
\tag{④}
$$

この左辺の行列式を D とおくと，D は $\alpha, \beta, \gamma, \delta$ の多項式である．D において $\alpha = \gamma$ とおいた式を D' とおくと

$$
D' = \begin{vmatrix}
0 & 1 & -\alpha - \beta & \alpha\beta \\
1 & -\alpha - \beta & \alpha\beta & 0 \\
0 & 1 & -\alpha - \delta & \alpha\delta \\
1 & -\alpha - \delta & \alpha\delta & 0
\end{vmatrix} = \begin{vmatrix}
0 & 0 & \delta - \beta & \alpha(\beta - \delta) \\
0 & \delta - \beta & \alpha(\beta - \delta) & 0 \\
0 & 1 & -\alpha - \delta & \alpha\delta \\
1 & -\alpha - \delta & \alpha\delta & 0
\end{vmatrix}
$$

第1行から第3行をひく　　　　第1，2行から $\beta - \delta$ を外へ出し
第2行から第4行をひく　　　　第1列について展開する

$$
= -(\beta - \delta)^2 \begin{vmatrix}
0 & -1 & \alpha \\
-1 & \alpha & 0 \\
1 & -\alpha - \delta & \alpha\delta
\end{vmatrix} = -(\beta - \delta)^2 \begin{vmatrix}
0 & -1 & \alpha \\
-1 & \alpha & 0 \\
0 & -\delta & \alpha\delta
\end{vmatrix}
$$

第2行を第3行にたす

$$
= 0
$$

よって因数定理により D は $\alpha - \gamma$ を因数にもつ．D は $\alpha\beta, \gamma$ と δ についてそれぞれ対称式であることを考慮すれば $\alpha - \delta, \beta - \gamma, \beta - \delta$

110

も因数にもつから

$$D = k(\alpha - \gamma)(\alpha - \delta)(\beta - \gamma)(\beta - \delta)$$

とおくことができる．D の次数は 4 次であるから k は定数である．
$\alpha^2\beta^2$ の項をくらべることによって $k = 1$ である．④により，

$$D = (\alpha - \gamma)(\alpha - \delta)(\beta - \gamma)(\beta - \delta) = 0$$

$$\therefore \alpha = \gamma \text{ or } \alpha = \delta \text{ or } \beta = \gamma \text{ or } \beta = \delta$$

となって①，②は共通根をもつ．

　以上から，共通根をもつための必要十分条件は③である．

　例 38　x についての整式 $f(x) = a_0 x^3 + a_1 x^2 + a_2 x + a_3$ を表す
行列式を，次の順序で作れ．

　(1) $f(x) = ((a_0 x_0 + a_1) x + a_2) x + a_3$ とかきかえる．

　(2) $y_0 = a_0$ とおいて $f(x) = ((y_0 x + a_1) x + a_2) x + a_3$

　(3) $y_1 = y_0 x + a_1$ とおいて $f(x) = (y_1 x + a_2) x + a_3$

　(4) $y_2 = y_1 x + a_2$ とおいて $f(x) = y_2 x + a_3$

　(5) 以上の置きかえの式 3 つと $f(x) = y_2 x + a_3$ とから y_0, y_1, y_2
を消去する．

　解
$$
\begin{aligned}
a_0 - y_0 &&&= 0 \\
a_1 + x y_0 \ - y_1 &&&= 0 \\
a_2 \quad\ + x y_1 - y_2 &= 0 \\
-f(x) + a_3 \qquad\qquad + x y_2 &= 0
\end{aligned}
$$

これらの等式を $1, y_0, y_1, y_2$ についての方程式とみると，自明で

ない解をもつから

$$\begin{vmatrix} a_0 & -1 & 0 & 0 \\ a_1 & x & -1 & 0 \\ a_2 & 0 & x & -1 \\ -f(x)+a_3 & 0 & 0 & x \end{vmatrix} = 0$$

左辺を2つの行列式の和に分解すれば

$$\begin{vmatrix} 0 & -1 & 0 & 0 \\ 0 & x & -1 & 0 \\ 0 & 0 & x & -1 \\ -f(x) & 0 & 0 & x \end{vmatrix} + \begin{vmatrix} a_0 & -1 & 0 & 0 \\ a_1 & x & -1 & 0 \\ a_2 & 0 & x & -1 \\ a_3 & 0 & 0 & x \end{vmatrix} = 0 \qquad ①$$

第1の行列式を第1列について展開すると

$$f(x) \begin{vmatrix} -1 & 0 & 0 \\ x & -1 & 0 \\ 0 & x & -1 \end{vmatrix} = -f(x)$$

よって①式から

$$f(x) = \begin{vmatrix} a_0 & -1 & 0 & 0 \\ a_1 & x & -1 & 0 \\ a_2 & 0 & x & -1 \\ a_3 & 0 & 0 & x \end{vmatrix}$$

5.　解を少くとも1つもつ条件

「連立一次方程式に解があるための条件を検討しよう」

「また解存在の条件ですか」

「いや，前のは1つだけ解があるための十分条件であった．ここでは，1つであろうと無数であろうと，とにかく解があるための必要十分条件を探ろうというのです」

112

「解が少くとも１つ存在するための条件ですね」

「そう」

「そんな欲張りの条件，あるのですかね」

「当ってみないことには何ともいえない．当って砕けろでもよいではないか．ここに演習の本がある．

$$（ⅰ）\begin{cases} 2x+9y+\ 4z-\ 3u = 1 \\ \ \ x+3y-\ 7z-\ 6u = 2 \\ -2x-4y+26z+18u = -6 \end{cases}$$

この実例で探りをいれよう」

「未知数の個数より方程式が少ないが」

「着眼は解があるかないか……．だから未知数と方程式の個数の大小は関係でない．とにかく解いてみよう，x を消去するには，その係数が１のものに目をつけ，第１式と第２式をいれかえる．

$$\begin{cases} \ \ x+3y-\ 7z-\ 6u = 2 & ① \\ \ 2x+9y+\ 4z-\ 3u = 1 & ② \\ -2x-4y+26z+18u = -6 & ③ \end{cases}$$

②，③の x を消去するため②＋①×(−2)，③＋①×2 を行う．

$$\begin{cases} x+3y-\ 7z-6u = 2 & ① \\ \quad 3y+18z+9u = -3 & ②' \\ \quad 2y+12z+6u = -2 & ③' \end{cases}$$

②'×$\dfrac{1}{3}$ を行う．

$$\begin{cases} x+3y-\ 7z-6u = 2 & ① \\ \quad y+\ 6z+3u = -1 & ②'' \\ \quad 2y+12z+6u = -2 & ③' \end{cases}$$

①, ③′ の y を消去するため① + ②″×(−3), ③′+②″×(−2) を行う.

$$(ii) \begin{cases} x-25z-15u = 5 & ①'' \\ y+ 6z+ 3u = -1 & ②'' \\ 0 = 0 & ③'' \end{cases}$$

第3式は消えてしまった. ①″, ②″ を x,y について解けばよい」

$$\begin{cases} x = 5 + 25z + 15u \\ y = -1 - 6z - 3u \end{cases}$$

$z = t, u = s$ とおいて

$$\begin{cases} x = 5 + 25t + 15s \\ y = -1 - 6t - 3s \\ z = t \\ u = s \end{cases} \quad (t, s \text{ はパラメータ})$$

「（ⅰ）と（ⅱ）は本当に同値か」

「解くために行った操作を振り返ってみると3種類です.

第1操作——方程式の交換

第2操作——方程式の両辺に0でない定数をかける.

第3操作——ある方程式に定数をかけ他の方程式に加える」

「第1操作で同値が保たれることは明か. 第2操作も逆操作が可能だから同値を保つ.

$$\begin{cases} P = Q \\ R = S \end{cases} \xrightleftharpoons[\frac{1}{\lambda}をかける]{\lambda(\neq 0)をかける} \begin{cases} \lambda P = \lambda Q \\ R = S \end{cases}$$

疑問なのは第3操作……」

「いや，これも逆操作が可能だから同値を保つ．

$$\begin{cases} P = Q \\ R = S \end{cases} \xrightarrow[\text{第 2 式+第 1 式×}(-\lambda)]{\text{第 2 式+第 1 式×}\lambda} \begin{cases} P = Q \\ R + \lambda P = S + \lambda Q \end{cases}$$

同値を保つ操作のみ行ったのだから（ⅰ）と（ⅱ）の同値は確実です．そこで，解をもつ（ⅰ）はどんな条件をみたすかを調べればよい」

「その条件は行列のランクに関係ありそう．（ⅰ）には 2 つの行列がある．そのランクの関係ではないか．

$$A = \begin{pmatrix} 2 & 9 & 4 & -3 \\ 1 & 3 & -7 & -6 \\ -2 & -4 & 26 & 18 \end{pmatrix} \quad B = \left(\begin{array}{cccc|c} 2 & 9 & 4 & -3 & 1 \\ 1 & 3 & -7 & -6 & 2 \\ -2 & -4 & 26 & 18 & -6 \end{array} \right)$$

しかし，このランクをみるのは楽でないが」

「名案があるよ．方程式を解くための基本操作は，行列を変形するための基本操作……この操作によってランクは変らなかった」

「そうか．それなら（ⅰ）の行列のランクをくらべる代りに（ⅱ）の行列のランクをくらべればよいですね．（ⅱ）の行列は

$$A' = \begin{pmatrix} 1 & 0 & -25 & -15 \\ 0 & 1 & 6 & 3 \\ 0 & 0 & 0 & 0 \end{pmatrix} \quad B' = \left(\begin{array}{cccc|c} 1 & 0 & -25 & -15 & 5 \\ 0 & 1 & 6 & 3 & -1 \\ 0 & 0 & 0 & 0 & 0 \end{array} \right)$$

これなら 0 が多いからランクを調べるのが楽……3 次の小行列式の値はすべて 0……．2 次の小行列式には値の 0 でないものがある．たとえば，もっとも簡単なのは

$$\begin{vmatrix} 1 & 0 \\ 0 & 1 \end{vmatrix} = 1 \neq 0$$

そこで $\operatorname{rank} A' = \operatorname{rank} B' = 2$，ところが A', B' の rank は，それぞれ A, B の rank 等しいから $\operatorname{rank} A = \operatorname{rank} B = 2$ です」

定理 24　連立一次方程式 $Ax = b$ が解をもつための必要十分条件は $\operatorname{rank} A = \operatorname{rank}(A\ b)$ で，解のパラメータの個数は未知数の個数から $\operatorname{rank} A$ をひいた差に等しい．

証明のリサーチ

　数係数では一般性を見失うおそれがあるから文字係数のもので見当をつける．たとえば

$$
(\mathrm{i})\begin{cases}
a_1 x + b_1 y + c_1 z + d_1 u = k_1 & ① \\
a_2 x + b_2 y + c_2 z + d_2 u = k_2 & ② \\
a_3 x + b_3 y + c_3 z + d_3 u = k_3 & ③
\end{cases}
$$

これに対応する行列は次の2つ．

$$
A = \begin{pmatrix}
a_1 & b_1 & c_1 & d_1 \\
a_2 & b_2 & c_2 & d_2 \\
a_3 & b_3 & c_3 & d_3
\end{pmatrix}
\quad
B = \left(\begin{array}{cccc|c}
a_1 & b_1 & c_1 & d_1 & k_1 \\
a_2 & b_2 & c_2 & d_2 & k_2 \\
a_3 & b_3 & c_3 & d_3 & k_3
\end{array}\right)
$$

証明することは

$$(\mathrm{i})\ \text{が解をもつ} \rightleftarrows \operatorname{rank} A = \operatorname{rank} B$$

　$\operatorname{rank} A = 2$ としておくと

$$
D = \begin{vmatrix}
a_1 & b_1 \\
a_2 & b_2
\end{vmatrix} \neq 0
$$

と仮定しても一般性を失わない．なぜかというに，たとえば，A の2次の行列式のうちで値の0でないものが

$$
D' = \begin{vmatrix}
b_1 & d_1 \\
b_3 & d_3
\end{vmatrix} \neq 0
$$

であったとすれば，行の交換と列の交換で，D' が D の位置へ移せる．しかも，この操作で，方程式は同値を保ち，行列は rank が変らないからである．

さらに $D \neq 0$ だから a_1, a_2 がともに 0 になることはない．そこで $a_1 \neq 0$ としても一般性を失わない．

①の両辺を a_1 で割って x の係数を 1 にかえる．次にその新しい①に a_2, a_3 をかけてそれぞれ②，③からひくと

$$x + b_1{}'y + \square z + \square u = \square \qquad ①\,'$$

$$b_2{}'y + \square z + \square u = \square \qquad ②\,'$$

$$b_3{}'y + \square z + \square u = \square \qquad ③\,'$$

$\square$ のところも一般には値の変った係数である．

いま行った操作で行列式 D の値が 0 でないことに変りはないから

$$\begin{vmatrix} 1 & b_1{}' \\ 0 & b_2{}' \end{vmatrix} \neq 0$$

$b_2{}' = 0$ とすると上の式に反すから $b_2{}' \neq 0$，そこで②′ の両辺を $b_2{}'$ で割り，その新しい②′ に b_1', b_3' をかけ，それぞれ①′，③′ からひいて y を消去すると

$$(\text{ii}) \begin{cases} x \quad +c_1{}'z + d_1{}'u = k_1{}' & ①\,'' \\ y \quad +c_2{}'z + d_2{}'u = k_2{}' & ②\,'' \\ \quad c_3{}'z + d_3{}'u = k_3{}' & ③\,'' \end{cases}$$

この行列は

$$A' = \begin{pmatrix} 1 & 0 & c_1{}' & d_1{}' \\ 0 & 1 & c_2{}' & d_2{}' \\ 0 & 0 & c_3{}' & d_3{}' \end{pmatrix} \quad B' = \begin{pmatrix} 1 & 0 & c_1{}' & d_1{}' & k_1{}' \\ 0 & 1 & c_2{}' & d_2{}' & k_2{}' \\ 0 & 0 & c_3{}' & d_3{}' & k_3{}' \end{pmatrix}$$

（ⅰ）と（ⅱ）は同値で，$\operatorname{rank} A = \operatorname{rank} A'$, $\operatorname{rank} B = \operatorname{rank} B'$ だから，（ⅱ）において，次のことを証明すればよい.

$$(ⅱ)\text{ が解をもつ} \rightleftarrows \operatorname{rank} A' = \operatorname{rank} B'$$

$\operatorname{rank} A' = \operatorname{rank} A = 2$ だから，A' の3次の小行列式の値はすべて0である．したがって

$$\begin{vmatrix} 1 & 0 & c' \\ 0 & 1 & c_2{}' \\ 0 & 0 & c_8{}' \end{vmatrix} = 0 \quad \therefore c_8{}' = 0$$

同様にして $d_3{}' = 0$ であるから，A', B' は次の形の行列であることがわかった.

$$A' = \begin{pmatrix} 1 & 0 & c_1{}' & d_1{}' \\ 0 & 1 & c_2{}' & d_2{}' \\ 0 & 0 & 0 & 0 \end{pmatrix} \quad B' = \begin{pmatrix} 1 & 0 & c_1{}' & d_1{}' & k_1{}' \\ 0 & 1 & c_2{}' & d_2{}' & k_2{}' \\ 0 & 0 & 0 & 0 & k_3{}' \end{pmatrix}$$

⟶ の証明

（ⅱ）が解をもつとすると③″は成り立つ．$c_8{}' = d_3{}' = 0$ を代入し $\tau k_3{}' = 0$, このとき B' の第3行の成分はすべて0であるから，B' の3次の小行列式もすべて0である．一方2次の小行列式のうち

$$\begin{vmatrix} 1 & 0 \\ 0 & 1 \end{vmatrix} = 1$$

は0でないから $\operatorname{rank} B = 2$

$$\therefore \operatorname{rank} A' = \operatorname{rank} B'$$

118

← の証明

rank $A' =$ rank B' とすると rank $A' = 2$ から rank $B' = 2$, このとき B' の3次の小行列式はすべて0であるから

$$\begin{vmatrix} 1 & 0 & k_1' \\ 0 & 1 & k_2' \\ 0 & 0 & k_3' \end{vmatrix} = 0 \quad \therefore k_3' = 0$$

したがって（ii）の③″は $0 = 0$ となって成り立ち，（ii）は①″，②″と同直である．ところが①″，②″は移項すると

$$\begin{cases} x = k_1' - c_1'z - d_1'u \\ y = k_2' - c_2'z - d_2'u \end{cases}$$

z, u の任意の値に対してそれぞれ x, y の値が定まり，それが①″，②″の解であるから（ii）は解をもつ．

しかも，未知数は4つ，パラメータは2つだから

（パラメータの数）　=　（未知の数の数）　$-$ rank A

となって，定理の後半も証明された．

×　　　　　×

以上の証明は，ほんの一部分修正するだけで一般の場合の証明になる．なお，方程式の同値関係をみると，（i）が解をもつときは

$$(\mathrm{i})\begin{cases} ① \\ ② \\ ③ \end{cases} \rightleftarrows (\mathrm{ii})\begin{cases} ①'' \\ ②'' \\ ③'' \quad 0 = k_3' \end{cases}$$

（i）が解をもたないときは $k_3' \neq 0$ である．（i）が解をもつときは $k_3' = 0$ であるから，さらに次の同値関係がある．

$$(\mathrm{i})\begin{cases} ① \\ ② \\ ③ \end{cases} \rightleftarrows (\mathrm{ii})\begin{cases} ①'' \\ ②'' \\ ③'' \quad 0 = 0 \end{cases} \rightleftarrows (\mathrm{iii})\begin{cases} ①'' \\ ②'' \end{cases}$$

しかも①″，②″は①，②に関する基本操作のみで導かれるから
①″，②″は①，②と同値である．したがって

$$\text{(i) が解をもつときは}\quad \text{(i)}\begin{cases}①\\②\\③\end{cases}\rightleftarrows\text{(iv)}\begin{cases}①\\②\end{cases}$$

つまり $\operatorname{rank}A=2$ で，①，②の係数の中の 2 次の小行列式が 0 でないときは，①，②，③を解く代りに①，②を解けばよい．

例 39　次の連立 1 次方程式を解け．

$$\begin{cases}\lambda x+y+z=1\\x+\lambda y+z=1\\x+y+\lambda z=1\end{cases}$$

解

$$A=\begin{pmatrix}\lambda&1&1\\1&\lambda&1\\1&1&\lambda\end{pmatrix}\quad B=\begin{pmatrix}\lambda&1&1&1\\1&\lambda&1&1\\1&1&\lambda&1\end{pmatrix}$$

$$\operatorname{rank}A\leqq\operatorname{rank}B\leqq 3 \qquad\qquad ①$$

$$|A|=\begin{vmatrix}0&1-\lambda&1-\lambda^2\\0&\lambda-1&1-\lambda\\1&1&\lambda\end{vmatrix}=(1-\lambda)^2\begin{vmatrix}1&1+\lambda\\-1&1\end{vmatrix}=(\lambda-1)^2(\lambda+2)$$

（ⅰ）$\lambda\neq 1,-2$ のとき　$|A|\neq 0$　∴ $\operatorname{rank}A=3$

①から $\operatorname{rank}A=\operatorname{rank}B=3$ となるから，もとの方程式は解をもち，クラメルの公式で求められる．

$$|A_1|=\begin{vmatrix}1&1&1\\1&\lambda&1\\1&1&\lambda\end{vmatrix}=(\lambda-1)^2,\ \text{同様にして}\ |A_2|=|A_3|=(\lambda-1)^2$$

120

$$\therefore x = y = z = \frac{|A_1|}{|A|} = \frac{1}{\lambda + 2}$$

（ii）　$\lambda = 1$ のとき

$$A = \begin{pmatrix} 1 & 1 & 1 \\ 1 & 1 & 1 \\ 1 & 1 & 1 \end{pmatrix} \quad B = \begin{pmatrix} 1 & 1 & 1 & 1 \\ 1 & 1 & 1 & 1 \\ 1 & 1 & 1 & 1 \end{pmatrix}$$

$\operatorname{rank} A = \operatorname{rank} B = 1$ であるから，原方程式は解をもち，第 1 の式と同値である．よって解は $x + y + z = 1$ をみたす x, y, z の値である．パラメータを用いて表せば

$$\begin{cases} x = 1 - s - t \\ y = s \\ z = t \end{cases}$$

（iii）　$\lambda = -2$ のとき

$$A = \begin{pmatrix} -2 & 1 & 1 \\ 1 & -2 & 1 \\ 1 & 1 & -2 \end{pmatrix} \quad B = \begin{pmatrix} -2 & 1 & 1 & 1 \\ 1 & -2 & 1 & 1 \\ 1 & 1 & -2 & 1 \end{pmatrix}$$

基本操作を行う．　⬇　　　　　　　　⬇

$$\begin{pmatrix} -2 & 1 & 1 \\ 1 & -2 & 1 \\ 0 & 0 & 0 \end{pmatrix} \qquad \begin{pmatrix} -2 & 1 & 1 & 1 \\ 1 & -2 & 1 & 1 \\ 0 & 0 & 0 & 3 \end{pmatrix}$$

$$\begin{vmatrix} -2 & 1 \\ 1 & -2 \end{vmatrix} = 3 \neq 0 \qquad \begin{vmatrix} 1 & 1 & 1 \\ -2 & 1 & 1 \\ 0 & 0 & 3 \end{vmatrix} = 9 \neq 0$$

$\operatorname{rank} A = 2$ 　　　　　　$\operatorname{rank} B = 3$

$\operatorname{rank} A \neq \operatorname{rank} B$ であるから原方程式は解をもたない．

練習問題 6

25 次の方程式を解け.

(1) $\begin{cases} x+ y+ z = 1 \\ ax+ by+ cz = k \\ a^2x+b^2y+c^2z = k^2 \end{cases}$

$(a \neq b, b \neq c, c \neq a)$

(2) $\begin{cases} a_1x + b_1y = c_1 \\ a_2x + b_2y = c_2 \end{cases}$

ただし $a_1 \neq 0$ とする.

26 末知数の個数よりも方程式の個数の少ない同次の連立一次方程式はつねに自明でない解をもつ. これを次の例で明かにせよ.

$$\begin{cases} a_1x + b_1y + c_1z = 0 \\ a_2x + b_2y + c_2z = 0 \end{cases}$$

27 3点 $(x_1,y_1),(x_2,y_2),(x_3,y_3)$ が1直線上にあるための条件を求めよ.

28 1直線上にない3点 $(x_1,y_1),(x_2,y_2),(x_3,y_3)$ を通る円の方程式を求めよ.

29 次の2つの方程式が共通根をもつための条件は右の等式であることを証明せよ.

$$\begin{cases} ax^2 + bx + c = 0 \\ x^3 - 1 = 0 \end{cases}$$

$D = \begin{vmatrix} a & b & c \\ c & a & b \\ b & c & a \end{vmatrix} = 0$

30 次の方程式が自明でない解をもつための k の値を求め, その

値に対応する解を示せ.

$$\begin{cases} x \quad\;\; -4z = kx \\ \quad 5y+4z = ky \\ -4x+4y+3z = kz \end{cases}$$

§7. 特殊な行列式

1. ヴァンデルモンドの行列式

初歩の代数で，しばしば現れる恒等式に

$$a^2(c-b)+b^2(a-c)+c^2(b-a)$$
$$=-(a-b)(a-c)(b-c)$$

がある．これを行列式で表わしてみる．左辺は書きかえると

$$a^2(c-b)-b^2(c-a)+c^2(b-a)$$
$$=a^2\begin{vmatrix} 1 & b \\ 1 & c \end{vmatrix} - b^2\begin{vmatrix} 1 & a \\ 1 & c \end{vmatrix} + c^2\begin{vmatrix} 1 & a \\ 1 & b \end{vmatrix}$$

この式は行列式

$$D = \begin{vmatrix} 1 & a & a^2 \\ 1 & b & b^2 \\ 1 & c & c^2 \end{vmatrix}$$

を第3列について展開式したものである．

これを因数分解すれば，はじめの等式の右辺になる，それを代表的な2つの方法で証明してみる．

（第1の証明）

$a=b$ とおくと第1行と第2行は一致し $D=0$ となるから，D は $a-b$ を因数にもつ．同様にして $a-c, b-c$ を因数にもつから，D が a,b,c についての3次式であることを考慮して

$$D = k(a-b)(a-c)(b-c) \quad (k は定数)$$

とおくことができる．上の式でみれば k で，もとの行列式でみれば，-1 であるから $k=-1$

$$\therefore \quad D = -(a-b)(a-c)(b-c)$$

（第2の証明）

$$D = \begin{vmatrix} 1 & a & a^2 \\ 1 & b & b^2 \\ 1 & c & c^2 \end{vmatrix}$$

第1行の要素に0を作るため，第2列の a 倍を第3列からひき，第1列の a 倍を第2列からひくと

$$D = \begin{vmatrix} 1 & 0 & 0 \\ 1 & b-a & b^2-ab \\ 1 & c-a & c^2-ac \end{vmatrix}$$

$$= (b-a)(c-a) \begin{vmatrix} 1 & b \\ 1 & c \end{vmatrix} = (b-a)(c-a)(c-b)$$

$$= (-1)^3(a-b)(a-c)(b-c)$$

第1の証明は因数定理の応用であり，一般化が容易である．第2の証明は数学的帰納法によって一般化される．文字の数が少ないので，多少はっきりしないと思うが，証明の途中に現れた

$$\begin{vmatrix} 1 & b \\ 1 & c \end{vmatrix}$$

は2文字の場合の同じ型の行列式である．

　一般に n 個の文字の場合へ拡張できるが，煩わしいから4個の文字の例で，一般化にかえる．

$$D = \begin{vmatrix} 1 & x_1 & x_1{}^2 & x_1{}^3 \\ 1 & x_2 & x_2{}^2 & x_2{}^3 \\ 1 & x_3 & x_3{}^2 & x_3{}^3 \\ 1 & x_4 & x_4{}^2 & x_4{}^3 \end{vmatrix}$$

126

この式は，次の $_4C_2 = 6$ 個の式

$$x_1 - x_i(i > 1)x_1 - x_2, x_1 - x_3, x_1 - x_4 \qquad ①$$

$$x_2 - x_i(i > 2)x_2 - x_3, x_2 - x_4 \qquad ②$$

$$x_3 - x_i(i > 3)x_3 - x_4 \qquad ③$$

の積に $(-1)^{1+2+3} = (-1)^6 = 1$ をかけたものに等しい.

（第 1 の証明）

$x_1 = x_i(i = 2, 3, 4)$ とおくと，第 1 行は第 i 行に等しくなるから $D = 0$，したがって D は①の式を因数にもつ．同様にして②，③の式も因数にもつから

$$D = k \times (①，②，③の式の積) \qquad (*)$$

この式の（ ）の中は 6 次式で，もとの行列式 D も 6 次式であるから k は定数である.

（ * ）の式でみると $x_1{}^3 x_2{}^2 x_3$ の係数は k である．この項の係数をもとの行列式でみると，行列式

$$D_0 = \begin{vmatrix} 0 & 0 & 0 & 1 \\ 0 & 0 & 1 & 0 \\ 0 & 1 & 0 & 0 \\ 1 & 0 & 0 & 0 \end{vmatrix} = \varepsilon(4321) \cdot 1 = (-1)^6$$

に等しいから $k = 1$

$$\therefore D = (x_1 - x_2)(x_1 - x_3)(x_1 - x_4)(x_2 - x_3)(x_2 - x_4)(x_3 - x_4)$$

（第 2 の証明）

第 3 列 $\times x_1$ を第 4 列から，第 2 列 $\times x_1$ を第 3 列から，第 1 列

$\times x_1$ を第 2 列からひくと

$$D = \begin{vmatrix} 1 & 0 & 0 & 0 \\ 1 & x_2 - x_1 & x_2(x_2 - x_1) & x_2^2(x_2 - x_1) \\ 1 & x_3 - x_1 & x_3(x_3 - x_1) & x_3{}^2(x_3 - x_1) \\ 1 & x_4 - x_1 & x_4(x_4 - x_1) & x_4{}^2(x_4 - x_1) \end{vmatrix}$$

第 1 行で展開し，第 2, 3, 4 行からそれぞれ $x_2 - x_1, x_3 - x_1, x_4 - x_1$ を行列式の外に出し，これらの式の符号をかえると

$$D = (-1)^3 (x_1 - x_2)(x_1 - x_3)(x_1 - x_4) \begin{vmatrix} 1 & x_2 & x_2{}^2 \\ 1 & x_3 & x_3{}^2 \\ 1 & x_4 & x_4{}^2 \end{vmatrix}$$

右端の行列式

$$\begin{vmatrix} 1 & x_2 & x_2^2 \\ 1 & x_3 & x_3^2 \\ 1 & x_4 & x_4^2 \end{vmatrix}$$

に，上と同様のことを試みて

$$(-1)^2 (x_2 - x_3)(x_2 - x_4) \begin{vmatrix} 1 & x_3 \\ 1 & x_4 \end{vmatrix}$$

さらに，右端の行列式は $(-1)^1 (x_3 - x_4)$ に等しいから

$$D = (-1)^{3+2+1}(x_1 - x_2)(x_1 - x_3)\cdots\cdots \quad (x_3 - x_4)$$

$$\times \qquad\qquad\qquad \times$$

ここまでくれば n 個の文字へ拡張するのは容易である．

一般に n 個の文字 $x_1, x_2, \cdots\cdots, x_n$ に対する次の n 次の行列式を

128

ヴァンデルモンド（Vandermonde）の行列式という.

$$D = \begin{vmatrix} 1 & x_1 & x_1^2 & \cdots\cdots & x_1^{n-1} \\ 1 & x_2 & x_2^2 & \cdots\cdots & x_2^{n-1} \\ 1 & x_3 & x_3^2 & \cdots\cdots & x_3^{n-1} \\ \multicolumn{5}{c}{\dotfill} \\ \multicolumn{5}{c}{\dotfill} \\ 1 & x_n & x_n^2 & \cdots\cdots & x_n^{n-1} \end{vmatrix}$$

この展開式の次数は

$$1+2+3+\cdots\cdots+(n-1) = \frac{n(n-1)}{2}$$

であって，次の $_nC_2 = \dfrac{n(n-1)}{2}$ 個の式の積に $(-1)^{n(n-1)/2}$ を掛けたものに等しい.

$x_1 - x_i(i>1)$ $x_1-x_2, x_1-x_3, x_1-x_4, \cdots\cdots, x_1-x_n$

$x_2 - x_i(i>2)$ $x_2-x_3, x_2-x_4, \cdots\cdots, x_2-x_n$

$x_3 - x_i(i>3)$ $x_3-x_4, \cdots\cdots, x_3-x_n$

…………………   …………………

…………………   …………………

$x_{n-1} - x_i(i>n-1)$ $x_{n-1}-x_n$

これらの式の積を $x_1, x_2, \cdots\cdots, x_n$ の**差積**ということがある.

2. 循環行列式

次の例のように，要素の配列が行ごとに右隣へ1つずつ移り，右

端は左端へ移るようになっているものを**循環行列式**という.

$$D_2 = \begin{vmatrix} a & b \\ b & a \end{vmatrix} \quad D_3 = \begin{vmatrix} a & b & c \\ c & a & b \\ b & c & a \end{vmatrix} \quad D_4 = \begin{vmatrix} a & b & c & d \\ d & a & b & c \\ c & d & a & b \\ b & c & d & a \end{vmatrix}$$

これらの行列式は, 2 項方程式 $x^2 = 1, x^3 = 1, x^4 = 1$ の根を用いて容易に因数分解される. その原理を 3 次の行列式 D_3 によって明かにしよう. D_3 の因数分解は, すでに取扱ったが, ここでは一般化に向き, しかも能率的な仕方を考える.

$x^3 = 1$ の根の 1 つを α とし, 第 2 列に α を, 第 3 列に α^2 をかて第 1 列に加えると

$$D_3 = \begin{vmatrix} a + b\alpha + b\alpha^2 & b & c \\ c + a\alpha + b\alpha^2 & a & b \\ b + c\alpha + a\alpha^2 & c & a \end{vmatrix}$$

$\alpha^3 = 1$ であるから

$$c + a\alpha + b\alpha^2 = a\alpha + b\alpha^2 + c\alpha^3 = \left(a + b\alpha + c\alpha^2\right)\alpha$$
$$b + c\alpha + a\alpha^2 = a\alpha^2 + b\alpha^3 + c\alpha^4 = \left(a + b\alpha + c\alpha^2\right)\alpha^2$$

よって D_3 は $a + b\alpha + b\alpha^2$ を因数にもつ.

α は 3 つあるから, それを $\alpha_1, \alpha_2, \alpha_3$ とすると D_3 は

$$D_3 = k\left(a + b\alpha_1 + c\alpha_1{}^2\right)\left(a + b\alpha_2 + c\alpha_2{}^2\right)\left(a + b\alpha_3 + c\alpha_3{}^2\right)$$

a^3 の係数をもとの行列式で求めると 1 であるから

$$D_3 = \prod_{i=1}^{3}\left(a + b\alpha_i + c\alpha_i^2\right)$$

$x^3 = 1$ の根は虚根の 1 つを ω とすると $1, \omega, \omega^2$ で表されるから，3 つの因数は

$$a + b \cdot 1 + c \cdot 1^2 = a + b + c$$

$$a + b\omega + c\omega^2 = a + b\omega + c\omega^2$$

$$a + b\omega^2 + c\omega^4 = a + b\omega^2 + c\omega$$

である．

$$\times \qquad\qquad\qquad \times$$

4 次の循環行列式へ以上の方式を拡張するには，$x^4 = 1$ の根を $\alpha_1, \alpha_2, \alpha_3, \alpha_4$ とおけばよい．因数分解した結果を挙げると

$$D = \prod_{i=1}^{4} \left(a + b\alpha_i + c\alpha_i{}^2 + d\alpha_i{}^3 \right)$$

$x^4 = 1$ の解は $1, -1, i, -i$ である $\alpha_1 = 1, \alpha_2 = -1, \alpha_3 = i, \alpha_4 = -i$ とおくと，4 つの因数は

$$a + b \cdot 1 + c \cdot 1^2 + d \cdot 1^3 = a + b + c + d$$

$$a + b(-1) + c(-1)^2 + d(-1)^3 = a - b + c - d$$

$$a + bi + ci^2 + di^3 = a + bi - c - di$$

$$a + b(-i) + c(-i)^2 + d(-i)^3 = a - bi - c + di$$

例 40　3 次循環行列式 D_3 に，右の行列式 D_0 をかけ，D_3 を因数分解せよ．ただし α, β, γ は $x^3 = 1$ の 3 根とする．

$$D_0 = \begin{vmatrix} 1 & 1 & 1 \\ \alpha & \beta & \gamma \\ \alpha^2 & \beta^2 & \gamma^2 \end{vmatrix}$$

解

$$D_3 D_0 = \begin{vmatrix} a & b & c \\ c & a & b \\ b & c & a \end{vmatrix} \cdot \begin{vmatrix} 1 & 1 & 1 \\ \alpha & \beta & \gamma \\ \alpha^2 & \beta^2 & \gamma^2 \end{vmatrix}$$

$$= \begin{vmatrix} a+b\alpha+c\alpha^2 & a+b\beta+c\beta^2 & a+b\gamma+c\gamma^2 \\ c+a\alpha+b\alpha^2 & c+a\beta+b\beta^2 & c+a\gamma+b\gamma^2 \\ b+c\alpha+a\alpha^2 & b+c\beta+a\beta^2 & b+c\gamma+a\gamma^2 \end{vmatrix}$$

$\alpha^3 = \beta^3 = \gamma^8 = 1$ を用い，第 2，3 行をかきかえると，第 1 列は $a+b\alpha+c\alpha^2$，第 2 列は $a+b\beta+c\beta^2$，第 3 列は $a+b\gamma+c\gamma^2$ を因数にもつことがわかる．これらの因数を外に出すと行列式は D_0 になるから

$$D_3 D_0 = \left(a+b\alpha+c\alpha^2\right)\left(a+b\beta+c\beta^2\right)\left(a+b\gamma+c\gamma^2\right) D_0$$

D_0 は前の項で知ったヴァンデルモンド行列式であって

$$D_0 = -(\alpha-\beta)(\alpha-\gamma)(\beta-\gamma) \neq 0$$

$$\therefore \quad D = \left(a+b\alpha+c\alpha^2\right)\left(a+b\beta+c\beta^2\right)\left(a+b\gamma+c\gamma^2\right)$$

3. 行列式の区分

4 次の循環行列式を 4 つの部分に分けてみると

$$D_4 = \begin{vmatrix} a & b & c & d \\ d & a & b & c \\ c & d & a & b \\ b & c & d & a \end{vmatrix}$$

となって，その構造がはっきり浮び上る．そこで当然，この 4 つのブロックを考慮した変形が予想される．

第 1 列，第 2 列をそれぞれ第 3 列，第 4 列からひくと

$$D_4 = \begin{vmatrix} a & b & c-a & d-b \\ d & a & b-d & c-a \\ c & d & a-c & b-d \\ b & c & d-b & a-c \end{vmatrix}$$

第 3 行，第 4 行をそれぞれ第 1 行，第 2 行に加えると

$$D_4 = \begin{vmatrix} a+c & b+d & 0 & 0 \\ d+b & a+c & 0 & 0 \\ c & d & a-c & b-d \\ b & c & d-b & a-c \end{vmatrix}$$

この行列式は先に学んだ知識（定理 15）によると

$$D_4 = \begin{vmatrix} a+c & b+d \\ d+b & a+c \end{vmatrix} \cdot \begin{vmatrix} a-c & b-d \\ d-b & a-c \end{vmatrix}$$

ここで 2 つの行列式を別々に展開すれば，D_4 は

$$D_4 = \{(a+c)^2 - (b+d)^2\}\{(a-c)^2 + (b-d)^2\}$$

となって，2 次の因数の積に分解された．

$$\times \qquad\qquad \times$$

　以上のようなブロックごとの計算は，見方を変えれば，というよりは組織化したのが行列の計算である．

$$A = \begin{pmatrix} a & b \\ d & a \end{pmatrix}, \quad B = \begin{pmatrix} c & d \\ b & c \end{pmatrix} \ とおくと \ D_4 = \begin{vmatrix} A & B \\ B & A \end{vmatrix}$$

となり，しかも，いままでの計算も A, B で表される．

$$D_4 = \begin{vmatrix} A & B \\ B & A \end{vmatrix} = \begin{vmatrix} A & B-A \\ B & A-B \end{vmatrix} = \begin{vmatrix} A+B & O \\ B & A-B \end{vmatrix}$$

第 2 列 − 第 1 列 → 第 1 行 + 第 2 行 →

$$= |A + B| \cdot |A - B|$$

これを一般化して次の定理が得られる.

定理 25　A, B が次数の等しい正方行列であるとき

$$\begin{vmatrix} A & B \\ B & A \end{vmatrix} = |A + B| \cdot |A - B|$$

簡単な応用例を 1 つ挙げてみる.

例 41　次の行列式を因数分解せよ.

$$D = \begin{vmatrix} 0 & a & b & c \\ a & 0 & c & b \\ b & c & 0 & a \\ c & b & a & 0 \end{vmatrix}$$

解　$A = \begin{pmatrix} 0 & a \\ a & 0 \end{pmatrix}, \quad B = \begin{pmatrix} b & c \\ c & b \end{pmatrix}$ とおくと

$$D = \begin{vmatrix} A & B \\ B & A \end{vmatrix} = |A + B| \cdot |A - B| = \begin{vmatrix} b & a + c \\ a + c & b \end{vmatrix} \cdot \begin{vmatrix} -b & a - c \\ a - c & -b \end{vmatrix}$$

行列式ごとに第 2 列を第 1 列に加えて因数を外に出せば

$$D = (a + b + c) \begin{vmatrix} 1 & a + c \\ 1 & b \end{vmatrix} (a - b - c) \begin{vmatrix} 1 & a - c \\ 1 & -b \end{vmatrix}$$

$$= (a + b + c)(b - a - c)(a - b - c)(-b - a + c)$$

$$= -(a + b + c)(b + c - a)(c + a - b)(a + b - c)$$

134

例42 次の等式を証明せよ.

$$D = \begin{vmatrix} a & b & c & d \\ -b & a & d & -c \\ -c & -d & a & b \\ -d & c & -b & a \end{vmatrix} = \left(a^2 + b^2 + c^2 + d^2\right)^2$$

解 簡単なようで,手ごわい.

第3列,第4列に i をかけ,それぞれ第1列,第2列にたす.

$$D = \begin{vmatrix} a+ci & b+di & c & d \\ -b+di & a-ci & d & -c \\ -c+ai & -d+bi & a & b \\ -d-bi & c+ai & -b & a \end{vmatrix}$$

第1行,第2行に i をかけ,それぞれ第3行,第4行からひく.

$$D = \begin{vmatrix} a+ci & b+di & c & d \\ -b+di & a-ci & d & -c \\ 0 & 0 & a-ci & b-di \\ 0 & 0 & -b-di & a+ci \end{vmatrix}$$

$$\therefore \quad D = \begin{vmatrix} a+ci & b+di \\ -b+di & a-ci \end{vmatrix} \cdot \begin{vmatrix} a-ci & b-di \\ -b-di & a+ci \end{vmatrix}$$

展開すると,ともに $a^2 + c^2 + b^2 + d^2$ となるから

$$D = \left(a^2 + b^2 + c^2 + d\right)^2$$

以上の計算は下の行列 A, B を考えると,次の計算と同じである.

$$A = \begin{pmatrix} a & b \\ -b & a \end{pmatrix}, \quad B = \begin{pmatrix} c & d \\ d & -c \end{pmatrix}$$

$$D = \begin{vmatrix} A & B \\ -B & A \end{vmatrix} = \begin{vmatrix} A + Bi & B \\ -B + Ai & A \end{vmatrix} = \begin{vmatrix} A + Bi & B \\ O & A - Bi \end{vmatrix}$$

第 1 列 + 第 2 列 × i　第 2 行 − 第 1 行 × i

$$= |A + Bi| \cdot |A - Bi| = \cdots\cdots$$

4. 交代行列式とヤコビの定理

行列式のうち，たとえば

$$\begin{vmatrix} a & h \\ h & b \end{vmatrix} \quad \begin{vmatrix} a & h & g \\ h & b & f \\ g & f & c \end{vmatrix}$$

のように，主対角線について対称の位置にある要素がそれぞれ等しいものを**対称行列式**という．また，

$$\begin{vmatrix} 0 & a \\ -a & 0 \end{vmatrix} \quad \begin{vmatrix} 0 & a & b \\ -a & 0 & c \\ -b & -c & 0 \end{vmatrix}$$

のように，主対角線上の要素はすべて 0 で，主対角線について対称の位置にある要素がそれぞれ符号だけ異なるものを，**交代行列式**という．

行列にも対称と交代があり，行列式の対称と交代がそれぞれ対応している．行列 $A = \begin{pmatrix} a_{ij} \end{pmatrix}$ でみると

$$A\text{は対称} \rightleftarrows {}^t\!A = A \rightleftarrows a_{ji} = a_{ij} \rightleftarrows |A|\text{は対称}$$

$$A\text{は交代} \rightleftarrows {}^t\!A = -A \rightleftarrows a_{ji} = -a_{ij} \rightleftarrows |A|\text{は交代}$$

×　　　　　　　×

交代行列式には，一般の行列式にはみられない特徴がある．

$$D_1 = |0| = 0$$

$$D_2 = \begin{vmatrix} 0 & a \\ -a & 0 \end{vmatrix} = a^2$$

$$D_3 = \begin{vmatrix} 0 & a & b \\ -a & 0 & c \\ -b & -c & 0 \end{vmatrix} = abc - abc = 0$$

$$D_4 = \begin{vmatrix} 0 & a & b & c \\ -a & 0 & d & e \\ -b & -d & 0 & f \\ -c & -e & -f & 0 \end{vmatrix}$$

$$= -a \begin{vmatrix} -a & d & e \\ -b & 0 & f \\ -c & -f & 0 \end{vmatrix} + b \begin{vmatrix} -a & 0 & e \\ -b & -d & f \\ -c & -e & 0 \end{vmatrix} - c \begin{vmatrix} -a & 0 & d \\ -b & -d & 0 \\ -c & -e & -f \end{vmatrix}$$

$$= -a \left(-af^2 + bef - cdf \right) + b \left(-aef + be^2 - cde \right)$$
$$- c \left(-adf + bde - cd^2 \right)$$

$$= af(af - be + cd) - be(af - be + cd) + cd(af - be + cd)$$

$$= (af - be + cd)^2$$

以上の実例から，およその見当がついたであろう．交代行列式の値は次数が奇数ならば 0 で，次数が偶数ならば完全平方式であることが．

しかし，この証明はやさしくない，次数が奇数の場合は簡単であるが，偶数の場合がむずかしい，それで，偶数の場合の証明の予備知識として，**ヤコビ（Jacobi）の定理**を明かにする．

定理 26　n 次の行列式 $D = |a_{ij}|$ から第 1, 2 行と第 1, 2 列を除いた $(n-2)$ 次の行列式を D' とすると

$$\begin{vmatrix} A_{11} & A_{12} \\ A_{21} & A_{22} \end{vmatrix} = DD'$$

である．ただし $A_{11}, A_{12}, \cdots\cdots$ は $a_{11}, a_{12}, \cdots\cdots$ の余因子である．

証明のリサーチ

行列式 D が 5 次の例で試みる．

$$\begin{vmatrix} A_{11} & A_{12} \\ A_{21} & A_{22} \end{vmatrix} \cdot D = \begin{vmatrix} A_{11} & A_{12} & A_{13} & A_{14} & A_{15} \\ A_{21} & A_{22} & A_{23} & A_{24} & A_{25} \\ 0 & 0 & 1 & 0 & 0 \\ 0 & 0 & 0 & 1 & 0 \\ 0 & 0 & 0 & 0 & 1 \end{vmatrix} \cdot \begin{vmatrix} a_{11} & a_{12} & a_{13} & a_{14} & a_{15} \\ a_{21} & a_{22} & a_{23} & a_{24} & a_{25} \\ a_{31} & a_{32} & a_{33} & a_{34} & a_{35} \\ a_{41} & a_{42} & a_{43} & a_{44} & a_{45} \\ a_{51} & a_{52} & a_{53} & a_{54} & a_{55} \end{vmatrix}$$

$$= \begin{vmatrix} D & 0 & 0 & 0 & 0 \\ 0 & D & 0 & 0 & 0 \\ a_{31} & a_{32} & a_{33} & a_{34} & a_{35} \\ a_{41} & a_{42} & a_{43} & a_{44} & a_{45} \\ a_{51} & a_{52} & a_{53} & a_{54} & a_{55} \end{vmatrix} = \begin{vmatrix} D & 0 \\ 0 & D \end{vmatrix} \cdot D' = D^2 D'$$

したがって $D \neq 0$ ときは

$$\begin{vmatrix} A_{11} & A_{12} \\ A_{21} & A_{22} \end{vmatrix} = DD'$$

$D = 0$ のときも，上の式は成り立つのであるが，その証明はかなりやっかいであるから省略する．

定理 27 n 次の交代行列式を D とすると

(1) n が奇数のとき，$D = 0$

(2) n が偶数のとき，D は完全平方式に等しい．

証明 (1) $D = |A|$ と扣くと，A は交代行列であるから

$$^tA = -A$$

$$|^tA| = |-A| = (-1)^n|A| = -|A|$$

行列式の性質により $|^tA| = |A|$ であるから

$$|A| = -|A| \quad \therefore \quad |A| = 0$$

(2) n は偶数とする．$n = 2, 4$ のとき

$$D_2 = a^2, D_4 = (af - be + cd)^2$$

となって定理は成り立つから，これをもとにして数学的帰納法を用いよう．それには $n = k-2$ のとき成り立つと仮定し，$n = k$ のときも成り立つことを示せばよい．k 次の交代行列式を

$$D = \begin{vmatrix} 0 & a_{12} & a_{13} & \cdots & a_{1k} \\ -a_{12} & 0 & a_{23} & \cdots & a_{2k} \\ -a_{13} & -a_{23} & 0 & \cdots & a_{3k} \\ \cdots & \cdots & \cdots & \cdots & \cdots \\ -a_{1k} & -a_{2k} & -a_{3k} & \cdots & 0 \end{vmatrix}$$

とし，ヤコビの定理を用いると

$$DD' = \begin{vmatrix} A_{11} & A_{12} \\ A_{21} & A_{22} \end{vmatrix} \qquad \text{①}$$

が成り立つ．この式で，左辺の D' は D から第 1, 2 行と第 1, 2 列を除いたもので $(k-2)$ 次の交代行列式であるから，仮定により完全平方式である．

右辺の A_{11}, A_{22} は交代行列式で，次数 $k-1$ は奇数だから 0 に等しい．次に A_{12} と A_{21} をくらべてみる．

$$A_{12} = \begin{vmatrix} -a_{12} & a_{23} & \cdots & a_{2k} \\ -a_{13} & 0 & \cdots & a_{3k} \\ \cdots & \cdots & \cdots & \cdots \\ -a_{1k} & -a_{3k} & \cdots & 0 \end{vmatrix} \quad A_{21} = \begin{vmatrix} a_{12} & a_{13} & \cdots & a_{1k} \\ -a_{23} & 0 & \cdots & a_{3k} \\ \cdots & \cdots & \cdots & \cdots \\ -a_{2k} & -a_{3k} & \cdots & 0 \end{vmatrix}$$

A_{12} に転置を行い，符号をかえると A_{21} になる．すなわち

$$A_{21} = -{}^tA_{12}$$
$$\therefore |A_{21}| = |-{}^tA_{12}| = (-1)^{k-1} |{}^tA_{12}| = -|A_{12}| \qquad ②$$

①から

$$DD' = \begin{vmatrix} 0 & A_{12} \\ A_{21} & 0 \end{vmatrix} = (-1)^{(k-1)^2} |A_{12}| \cdot |A_{21}|$$

$k-1$ は奇数であるから $(k-1)^2$ も奇数，したがって

$$DD' = -|A_{12}| \cdot |A_{21}|$$

これに②を代入して

$$DD' = |A_{12}|^2$$

$|A_{12}|^2$ と D' は完全平方式であるから D は完全平方式である．

例 43　次の関数 $f(x)$ は偶関数である，すなわち $f(-x) = f(x)$

140

をみたすことを証明せよ.

$$f(x) = \begin{vmatrix} x & a & b & c \\ -a & x & d & e \\ -b & -d & x & f \\ -c & -e & -f & x \end{vmatrix}$$

解 $f(-x)$ は 4 次の行列式である. そこで, 各列に -1 をかけてすべての成分の符号をかえても値はかわらないから

$$f(-x) = \begin{vmatrix} -x & a & b & c \\ -a & -x & d & e \\ -b & -d & -x & f \\ -c & -e & -f & -x \end{vmatrix} = \begin{vmatrix} x & -a & -b & -c \\ a & x & -d & -e \\ b & d & x & -f \\ c & e & f & x \end{vmatrix}$$

ここで右の行列式に転置を行えば, もとの行列式になる. 転置によって行列式の値は変らないから

$$f(-x) = f(x)$$

練習問題 7

31 次の行列式を因数分解せよ.

(1)
$$D = \begin{vmatrix} 1 & a & a^2 & bcd \\ 1 & b & b^2 & cda \\ 1 & c & c^2 & dab \\ 1 & d & d^2 & abc \end{vmatrix}$$

(2)
$$D = \begin{vmatrix} 1 & a^2 & a^3 \\ 1 & b^2 & b^3 \\ 1 & c^2 & c^3 \end{vmatrix}$$

32　右の行列式 D を

$$A = \begin{pmatrix} a & b \\ a & b \end{pmatrix} \quad B = \begin{pmatrix} b & b \\ a & a \end{pmatrix} \quad D = \begin{vmatrix} a & b & b & b \\ a & b & a & a \\ b & b & a & b \\ a & a & a & b \end{vmatrix}$$

とおいて変形し，因数分解せよ．

33　循環行列式の積はまた循環行列式であることを，3次の行列式
で示せ．

34　6次の循環行列式

$$D = \begin{vmatrix} a & b & c & d & e & f \\ f & a & b & c & d & e \\ e & f & a & b & c & d \\ d & e & f & a & b & c \\ c & d & e & f & a & b \\ b & c & d & e & f & a \end{vmatrix}$$

は，次の2つの3次の循環行列式の積に等しいことを示せ．

$$D_1 = \begin{vmatrix} a+d & e+b & c+f \\ c+f & a+d & e+b \\ e+b & c+f & a+d \end{vmatrix} \quad D_2 = \begin{vmatrix} a-d & e-b & c-f \\ c-f & a-d & e-b \\ e-b & c-f & a-d \end{vmatrix}$$

§8. 行列式とベクトル

1. 行列式をベクトルで見直す

「すでに学んだ行列式の基本性質をベクトルによって見直そう」

「一度学んだのに，なぜ，やり直すのか」

「同じ道を通るのではない．近道をさがすのだ．予期しない名所や風景に出会らかも分らない，n 次の行列式を取扱うのは煩しい，2 次で小手調べといこう．

$$D = \begin{vmatrix} x_1 & y_1 \\ x_2 & y_2 \end{vmatrix}$$

この行列式で基本性質のうち線形性と交代性を表してごらん」

「おやすい注文だ．列に関するものを，線形性からはじめる．

(1)
$$\begin{vmatrix} x_1 + x_1' & y_1 \\ x_2 + x_2 & y_2 \end{vmatrix} = \begin{vmatrix} x_1 & y_1 \\ x_2 & y_2 \end{vmatrix} + \begin{vmatrix} x_1' & y_1 \\ x_2' & y_2 \end{vmatrix}$$

$$\begin{vmatrix} x_1 & y_1 + y_1' \\ x_2 & y_2 + y_2' \end{vmatrix} = \begin{vmatrix} x_1 & y_1 \\ x_2 & y_2 \end{vmatrix} + \begin{vmatrix} x_1 & y_1' \\ x_2 & y_2' \end{vmatrix}$$

(2)
$$\begin{vmatrix} hx_1 & y_1 \\ hx_2 & y_2 \end{vmatrix} = h \begin{vmatrix} x_1 & y_1 \\ x_2 & y_2 \end{vmatrix}$$

$$\begin{vmatrix} x_1 & ky_1 \\ x_2 & ky_2 \end{vmatrix} = k \begin{vmatrix} x_1 & y_1 \\ x_2 & y_2 \end{vmatrix}$$

次に交代性を……

(3)
$$\begin{vmatrix} y_1 & x_1 \\ y_2 & x_2 \end{vmatrix} = - \begin{vmatrix} x_1 & y_1 \\ x_2 & y_2 \end{vmatrix}$$

もれたものはないと思うが……．」

「見事．ところで数学の現代化は……表現の創作と表裏一体のもの，ベクトルを用いて簡素化を計ろう．各列の数はその順序のまま

で列ベクトルとみて

$$\begin{pmatrix} x_1 \\ x_2 \end{pmatrix} = \boldsymbol{x}, \quad \begin{pmatrix} y_1 \\ y_2 \end{pmatrix} = \boldsymbol{y}, \quad \begin{pmatrix} x_1 \\ x_2' \end{pmatrix} = \boldsymbol{x}', \quad \begin{pmatrix} y_1{}' \\ y_2' \end{pmatrix} = \boldsymbol{y}'$$

と表してみようではないか」

「その名案で基本性質を表してみる.

(1) $|\boldsymbol{x} + \boldsymbol{x}' \quad \boldsymbol{y}| = |\boldsymbol{x} \quad \boldsymbol{y}| + |\boldsymbol{x}' \quad \boldsymbol{y}|$

$\quad\quad |\boldsymbol{x} \quad \boldsymbol{y} + \boldsymbol{y}'| = |\boldsymbol{x} \quad \boldsymbol{y}| + |\boldsymbol{x} \quad \boldsymbol{y}'|$

(2) $|h\boldsymbol{x} \quad \boldsymbol{y}| = h|\boldsymbol{x} \quad \boldsymbol{y}|$

$\quad\quad |\boldsymbol{x} \quad k\boldsymbol{y}| = k|\boldsymbol{x} \quad \boldsymbol{y}|$

(3) $|\boldsymbol{y} \quad \boldsymbol{x}| = -|\boldsymbol{x} \quad \boldsymbol{y}|$

表現は姿を変えた. 次に変るのは何か」

「あわてるじゃない. 交代性 (3) から, 簡単に導かれる性質があった. それを補ってからだ」

「それは同じ列があれば行列式の値は 0 になるでしょう」

(4) $|\boldsymbol{x} \quad \boldsymbol{x}| = 0$

「それが, これから活躍するのだが, その前に, 表現にひと味加えたい. 行列式 $|\boldsymbol{x} \quad \boldsymbol{y}|$ は 2 つの列ベクトルを含み, しかも, その値は実数だ. 見方をかえれば, 2 つの列ベクトルに 1 つ実数が対応する. だから……」

「分った. この行列式は $\boldsymbol{x}, \boldsymbol{y}$ の関数で, その値は実数…そこで関数記号を用い $f(\boldsymbol{x}, \boldsymbol{y})$ で表してみるのでしょう」

$$D = f(\boldsymbol{x}, \boldsymbol{y})$$

(1) $f(\boldsymbol{x} + \boldsymbol{x}', \boldsymbol{y}) = f(\boldsymbol{x}, \boldsymbol{y}) + f(\boldsymbol{x}', \boldsymbol{y})$

$\quad\quad f(\boldsymbol{x}, \boldsymbol{y} + \boldsymbol{y}') = f(\boldsymbol{x}, \boldsymbol{y}) + f(\boldsymbol{x}, \boldsymbol{y}')$

(2) $f(h\boldsymbol{x}, \boldsymbol{y}) = hf(\boldsymbol{x}, \boldsymbol{y})$

$\quad\quad f(\boldsymbol{x}, k\boldsymbol{y}) = kf(\boldsymbol{x}, \boldsymbol{y})$

(3) $f(\boldsymbol{y}, \boldsymbol{x}) = -f(\boldsymbol{x}, \boldsymbol{y})$

(4) $f(\boldsymbol{x}, \boldsymbol{x}) = 0$

「これで準備完了. 分ったことを総括すると $f(\boldsymbol{x}, \boldsymbol{y})$ が行列式である $\longrightarrow$ $f(\boldsymbol{x}, \boldsymbol{y})$ は (1) ～ (4) をみたす. そこで, 誰でも抱く疑問は, この逆が成り立つかということ」

「なるほど. 2 つの列ベクトル $\boldsymbol{x}, \boldsymbol{y}$ の関数で, 値が実数になるものを $f(\boldsymbol{x}, \boldsymbol{y})$ としたとき $f(\boldsymbol{x}, \boldsymbol{y})$ が (1) ～ (4) をみたす $\longrightarrow$ $f(\boldsymbol{x}, \boldsymbol{y})$ は行列式であるの真偽を調べるのは興味津々です」

×   ×

「当ってみようではないか. それには基本ベクトルを

$$\boldsymbol{e}_1 = \begin{pmatrix} 1 \\ 0 \end{pmatrix} \quad \boldsymbol{e}_2 = \begin{pmatrix} 0 \\ 1 \end{pmatrix}$$

とおき, $\boldsymbol{x}, \boldsymbol{y}$ を $\boldsymbol{e}_1, \boldsymbol{e}_2$ で表してみればよさそう.

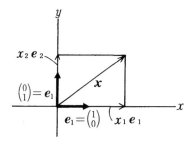

$$\boldsymbol{x} = x_1 \boldsymbol{e}_1 + x_2 \boldsymbol{e}_2, \quad \boldsymbol{y} = y_1 \boldsymbol{e}_1 + y_2 \boldsymbol{e}_2$$

これを $f(\boldsymbol{x}, \boldsymbol{y})$ に代入してみよう.

$$f(\boldsymbol{x}, \boldsymbol{y}) = f(x_1 \boldsymbol{e}_1 + x_2 \boldsymbol{e}_2, y_1 \boldsymbol{e}_1 + y_2 \boldsymbol{e}_2)$$

これが (1) ～ (4) をみたせば変形可能だ」

「(1) を繰返し用いると

$$f(\boldsymbol{x}, \boldsymbol{y}) = f(x_1 \boldsymbol{e}_1, y_1 \boldsymbol{e}_1 + y_2 \boldsymbol{e}_2) + f(x_2 \boldsymbol{e}_2, y_1 \boldsymbol{e}_1 + y_2 \boldsymbol{e}_2)$$

$$= f(x_1\boldsymbol{e}_1, y_1\boldsymbol{e}_1) + f(x_1\boldsymbol{e}_1, y_2\boldsymbol{e}_2) + f(x_2\boldsymbol{e}_2, y_1\boldsymbol{e}_1) + f(x_2\boldsymbol{e}_2, y_2\boldsymbol{e}_2)$$

さらに（2）を用いて

$$= f(\boldsymbol{e}_1, \boldsymbol{e}_1)\,x_1 y_1 + f(\boldsymbol{e}_1, \boldsymbol{e}_2)\,x_1 y_2 + f(\boldsymbol{e}_2, \boldsymbol{e}_1)\,x_2 y_1 + f(\boldsymbol{e}_2, \boldsymbol{e}_2)\,x_2 y_2$$

やっかいな式ですね」

　「あきらめるのは早い．（3），（4）の利用が残っている」

　「そうか．（4）によって第 1 項と第 4 項は 0 だ．さらに（3）によると $f(\boldsymbol{e}_2, \boldsymbol{e}_1)$ は $-f(\boldsymbol{e}_1, \boldsymbol{e}_2)$ にかわるから

$$f(\boldsymbol{x}, \boldsymbol{y}) = f(\boldsymbol{e}_1, \boldsymbol{e}_2)\,(x_1 y_2 - x_2 y_1)$$

これは意外と簡単」

　「簡単なだけではない．よく見たまえ．2 次の行列式が表れた」

　「なるほど，素晴しい結果だ」

$$f(\boldsymbol{x}, \boldsymbol{y}) = f(\boldsymbol{e}_1, \boldsymbol{e}_2)\begin{vmatrix} x_1 & y_1 \\ x_2 & y_2 \end{vmatrix}$$

　「$f(\boldsymbol{e}_1, \boldsymbol{e}_2)$ は定数だから c で表すと

$$f(\boldsymbol{x}, \boldsymbol{y}) = c\begin{vmatrix} x_1 & y_1 \\ x_2 & y_2 \end{vmatrix} = c|\boldsymbol{x}\quad \boldsymbol{y}|$$

結局 $f(\boldsymbol{x}, \boldsymbol{y})$ は（1）〜（4）をみたせば，つまり線形性と交代性をみたせば，行列式 $|\boldsymbol{x}\quad \boldsymbol{y}|$ の定数倍になる．しかも，その定数は $f(\boldsymbol{e}_1, \boldsymbol{e}_2)$ に対応する実数に等しい」

　「一般化できそうですね．n 個の列ベクトルの関数の場合へ」

　「3 個の場合をまとめておけば，n 個の場合は見当がつく．万事簡素にゆこう」

定理 28　3 つの 3 項ベクトルの組 (x, y, z) に 1 つ実数が対応す
る関数 $f(x, y, z)$ が線形性と交代性をみたせば，次の式が成り立つ．
e_1, e_2, e_3 は基本ベクトルである．

$$f(x, y, z) = f(e_1, e_2, e_3) \mid x \quad y \quad z \mid$$

       ↑   ↑

      定数 3 次の行列式

　上の f のようにベクトルの組に数を対応させる写像を**ベクトル関
数**という．

　証明　上の定理は n 個の n 項ベクトルの場合に拡張できること
を考慮し，一般化の可能な証明を挙げる．

$$x = \begin{pmatrix} x_1 \\ x_2 \\ x_3 \end{pmatrix} \quad y = \begin{pmatrix} y_1 \\ y_2 \\ y_3 \end{pmatrix} \quad z = \begin{pmatrix} z_1 \\ z_2 \\ z_3 \end{pmatrix}$$

とおくと

$$f(x, y, z) = (x_1 e_1 + x_2 e_2 + x_3 e_3, y_1 e_1 + y_2 e_2 + y_3 e_3,$$
$$z_1 e_1 + z_2 e_2 + z_3 e_3)$$
$$= \sum f(x_i e_i, y_j e_j, z_2 e_2 + e_k)$$
$$= \sum f(e_i, e_j, e_k) x_i y_j z_k$$

　i, j, k は $1, 2, 3$ のいずれかであるが，等しいものがあると
$f(e_i, e_j, e_k)$ は 0 になるから，異なるもの，すなわち $1, 2, 3$ の順列
を選べばよい．

　f は交代的だから $f(e_i, e_j, e_k)$ はどの 2 つのベクトルに互換を
行っても符号が変わる．いま，互換を s 回行って $f(e_1, e_2, e_3)$ に

なったとすると

$$f(e_i, e_j, e_k) = (-1)^s f(e_1, e_2, e_3)$$

ところが，$(-1)^s$ は順列の符号 $\sigma(ijk)$ に等しいから

$$f(x, y, z) = \sum \sigma(ijk) f(e_1, e_2, e_3) x_i y_j z_k$$
$$= f(e_1, e_2, e_3) \sum \sigma(ijk) x_i y_j z_k$$

$\sum$ 以下は列ベクトル x, y, z の作る行列式であるから

$$f(x, y, z) = f(e_1, e_2, e_3) |x\ y\ z|$$

$$\times \qquad\qquad\qquad\qquad \times$$

この定理から，$f(x, y, z)$ は，とくに

$$f(e_1, e_2, e_3) = 1$$

をみたすならば3次の行列式に等しいことが分る.

2.　$|AB| = |A| \cdot |B|$ のベクトルによる証明

「次数の等しい2つ正方行列 A, B に対して，等式

$$|AB| = |A| \cdot |B|$$

が成り立つことは，すでに学んだ．この別証をやろうというのだ．前の項で知ったベクトル関数を用いて‥‥‥」

「行列式がベクトル関数で完全に特徴づけられるとしたら，それによって証明は可能なはず」

「君の予想はすばらしい．3次の行列で探りを入れよう，B を列ベクトルによって (x, y, z) と表すと

$$|AB| = |A \cdot (x, y, z)|$$

は x, y, z のベクトル関数で，しかも，線形的，交代的だ」

「ベクトル関数であることはわかるのだが……」

「結論を急ぎ過ぎたよ．確めもしないで…….A をベクトルにかけて

$$|AB| = |Ax, Ay, Az|$$

とすれば，線形性も交代性も浮き彫りになる」

「そういわれてもピンとこない．Ax, Ay, Az の正体は？」

「列ベクトルだ．念のため計算で示そう」

$$Ax = \begin{pmatrix} a_1 & a_2 & a_3 \\ b_1 & b_2 & b_3 \\ c_1 & c_2 & c_3 \end{pmatrix} \begin{pmatrix} x_1 \\ x_2 \\ x_3 \end{pmatrix} = \begin{pmatrix} a_1 x_1 + a_2 x_2 + a_3 x_3 \\ b_1 x_1 + b_2 x_2 + b_3 x_3 \\ c_1 x_1 + c_2 x_2 + c_3 x_3 \end{pmatrix}$$

「そうか．$|AB|$ は列ベクトル Ax, Ay, Az を並べて作った行列式ですね．どうにか先が見えて来た感じです」

「関数記号で表し，線形性と交代性を確めては……」

「一歩一歩確めるよ．石橋をたたいて渡る気持で……」

$$f(x, y, z) = |Ax, Ay, Az|$$

(1) $f(x + x', y, z) = |A(x + x'), Ay, Az|$

   $= |Ax + Ax', Ay, Az|$

   $= |Ax, Ay, Az| + |Ax', Ay, Az|$

   $= f(x, y, z) + f(x', y, z)$

y, z についても同じこと．

(2) $f(kx, y, z) = |Akx, Ay, Az|$

   $= k|Ax, Ay, Az| = kf(x, y, z)$

y, z についても同じこと．

(3) たとえば x と y を入れ替えたとすると

   $f(y, x, z) = |Ay, Ax, Az|$

$$= -|Ax, Ay, Az| = -f(x, y, z)$$

「予想通りだから，基本ベクトルを e_1, e_2, e_3 とすると

$$|AB| = f(e_1, e_2, e_3)\,|x, y, z|$$

右辺の行列式は $|B|$ そのものだから

$$|AB| = f(e_1, e_2, e_3) \cdot |B|$$

定数の部分 $f(e_1, e_2, e_3)$ が $|A|$ に等しければ目的を果す」

「定数の正体は？」

「定義によると

$$f(e_1, e_2, e_3) = |A(e_1, e_2, e_3)|$$

ここで (e_1, e_2, e_3) は単位行列ですよ．3次の……」

$$(e_1, e_2, e_3) = \begin{pmatrix} 1 & 0 & 0 \\ 0 & 1 & 0 \\ 0 & 0 & 1 \end{pmatrix} = E$$

「つまらないところでつまずくとは……われながら情けない．$AE = A$ だから定数の正体は $|A|$……そこで目的達成．

$$|AB| = |A| \cdot |B|$$

分ってしまえば易しそう」

「バカがつくほどくわしく式をかいたが，頭で考えれば途中はとばせる，それが，この証明のミソ．エレガントな考えとは，もともと，そういう性格のもの」

3. 行列の積の行列式

「ここの目標は，行列の積の行列式の拡張です」

「いままでは，$|AB|$ の A, B は正方行列であった．A, B が任意の行列の場合へ拡張か」

「任意といっても野放しの任意ではない．A, B の積が定義されることが必要，さらに，その積の行列式が定義されることも必要」

「そうか．その条件は……A が (n, m) 型の行列のとき，B は (m, n) 型の行列ですね」

「$n = m$ のときは済んだのだから $n \neq m$ のときを学べばよい．ちょっと説明しにくい定理だ．とくに $n < m$ のときが分りにくい．定理のあとに具体例を挙げよう」

定理 29 A が (n, m) 行列で，B が (m, n) 行列のとき

(1) $n = m$ のとき $|AB| = |A| \cdot |B|$

(2) $n > m$ のとき $|AB| = 0$

(3) $n < m$ のとき

$$|AB| = \Sigma\, |A^*|\,|B^*|$$

↑ ↑

A の m 列から，その順序のまま n 列選んで作った行列 　　B の m 行から，その順序のまま n 行選んで作った行列

↑ ↑

選んだ列と行の番号は一致

$n < m$ の場合の具体例 $(n = 2, m = 3)$

$$|AB| = \left| \begin{pmatrix} a_1 & a_2 & a_3 \\ b_1 & b_2 & b_3 \end{pmatrix} \begin{pmatrix} x_1 & y_1 \\ x_2 & y_2 \\ x_3 & y_3 \end{pmatrix} \right|$$

$$= \begin{vmatrix} a_1 & a_2 \\ b_1 & b_2 \end{vmatrix} \cdot \begin{vmatrix} x_1 & y_1 \\ x_2 & y_2 \end{vmatrix} + \begin{vmatrix} a_1 & a_3 \\ b_1 & b_3 \end{vmatrix} \cdot \begin{vmatrix} x_1 & y_1 \\ x_3 & y_3 \end{vmatrix} + \begin{vmatrix} a_2 & a_3 \\ b_2 & b_3 \end{vmatrix} \cdot \begin{vmatrix} x_2 & y_2 \\ x_3 & y_3 \end{vmatrix}$$

↑ ↑ ↑ ↑ ↑ ↑

第1列 第1行 第1列 第1行 第2列 第2行
第2列 第2行 第3列 第3行 第3列 第3行

$n = 3, m = 2$ と $n = 2, m = 3$ の場合を証明し，一般の場合の証明の手がかりとしょう.

(2) 証明のリサーチ

A は $(3, 2)$ 行列，B は $(2, 3)$ 行列とし

$$A = \begin{pmatrix} a_1 & a_2 \\ b_1 & b_2 \\ c_1 & c_2 \end{pmatrix} \quad B = \begin{pmatrix} x_1 & y_1 & z_1 \\ x_2 & y_2 & z_2 \end{pmatrix}$$

とおく. このままで $|AB|$ の中を計算すると

$$|AB| = \begin{vmatrix} a_1 x_1 + a_2 x_2 & a_1 y_1 + a_2 y_2 & a_1 z_1 + a_2 z_2 \\ b_1 x_1 + b_2 x_2 & b_1 y_1 + b_2 y_2 & b_1 z_1 + b_2 z_2 \\ c_1 x_1 + c_2 x_2 & c_1 y_1 + c_2 y_2 & c_1 z_1 + c_2 z_2 \end{vmatrix}$$

これを展開するのではたまらない. ベクトルによる表現をかりて簡素化を計る，$A = (\boldsymbol{a}_1 \quad \boldsymbol{a}_2)$ とおいてみると

$$|AB| = \left| (\boldsymbol{a}_1 \quad \boldsymbol{a}_2) \begin{pmatrix} x_1 & y_1 & z_1 \\ x_2 & y_2 & z_2 \end{pmatrix} \right|$$

$$= |\boldsymbol{a}_1 x_1 + \boldsymbol{a}_2 x_2 \quad \boldsymbol{a}_1 y_1 + \boldsymbol{a}_2 y_2 \quad \boldsymbol{a}_1 z_1 + \boldsymbol{a}_2 z_2|$$

$$= \sum |\boldsymbol{a}_i x_i \quad \boldsymbol{a}_j y_j \quad \boldsymbol{a}_k z_k|$$

$$= \sum |\boldsymbol{a}_i \quad \boldsymbol{a}_j \quad \boldsymbol{a}_k| x_i y_j z_k$$

i, j, k は 1，2 から選んだ数だから等しいものが必ずある. したがって 3 次の行列式 $|\boldsymbol{a}_i \, \boldsymbol{a}_j \, \boldsymbol{a}_k|$ には等しい列が必ずあるから値は 0 である.

$$\therefore |AB| = 0$$

(3) 証明のリサーチ

A は $(2,3)$ 行列，B は $(3,2)$ 行列とし

$$A = \left(\begin{array}{ccc} a_1 & a_2 & a_3 \\ b_1 & b_2 & b_3 \end{array} \right) \quad B = \left(\begin{array}{cc} x_1 & y_1 \\ x_2 & y_2 \\ x_3 & y_3 \end{array} \right)$$

とおくと

$$|AB| = \left| \begin{array}{cc} a_1 x_1 + a_2 x_2 + a_3 x_3 & a_1 y_1 + a_2 y_2 + a_3 y_3 \\ b_1 x_1 + b_2 x_2 + b_3 x_3 & b_1 y_1 + b_2 y_2 + b_3 y_3 \end{array} \right|$$

このままで展開したのでは，一般への類推に向かないから (2) の場合にならいベクトルで表す．$A = (\boldsymbol{a}_1 \quad \boldsymbol{a}_2 \quad \boldsymbol{a}_3)$ とおくと

$$|AB| = \left| (\boldsymbol{a}_1 \quad \boldsymbol{a}_2 \quad \boldsymbol{a}_3) \left(\begin{array}{cc} x_1 & y_1 \\ x_2 & y_2 \\ x_3 & y_3 \end{array} \right) \right|$$

$$= |\boldsymbol{a}_1 x_1 + \boldsymbol{a}_2 x_2 + \boldsymbol{a}_3 x_3 \quad \boldsymbol{a}_1 y_1 + \boldsymbol{a}_2 y_2 + \boldsymbol{a}_3 y_3|$$

$$= \sum |\boldsymbol{a}_i x_i \quad \boldsymbol{a}_j y_j| = \sum |\boldsymbol{a}_i \quad \boldsymbol{a}_j| x_i y_j$$

i, j は 1, 2, 3 から重複を許して選んだ 2 数の順列であるが，i と j が等しいときは $|\boldsymbol{a}_i \, \boldsymbol{a}_j|$ は 0 になるから，i と j が異なる場合だけが残る．残ったものを，1, 2 から選んだもの，1, 3 から選んだもの，2, 3 から選んだものに分ける．

$$|AB| = \sum |\boldsymbol{a}_i \quad \boldsymbol{a}_j| x_i y_j + \sum |\boldsymbol{a}_i \quad \boldsymbol{a}_j| x_i y_j + \sum |\boldsymbol{a}_i \quad \boldsymbol{a}_j| x_i y_j$$

$$(i \quad j) = \left\{ \begin{array}{cc} (1 & 2) \\ (2 & 1) \end{array} \right. \quad (i \quad j) = \left\{ \begin{array}{cc} (1 & 3) \\ (3 & 1) \end{array} \right. \quad (i \quad j) = \left\{ \begin{array}{cc} (1 & 3) \\ (3 & 1) \end{array} \right.$$

$\boldsymbol{a}_i, \boldsymbol{a}_j$ のいれかえによって i, j の順序を小さいものから大きいものへの順にかえ，それをくくり出せば

$$|AB| = |\boldsymbol{a}_1 \quad \boldsymbol{a}_2| \sum \varepsilon(i \quad j) x_i y_j + |\boldsymbol{a}_1 \quad \boldsymbol{a}_3| \sum \varepsilon(ij) x_i y_j$$

$$+ |\boldsymbol{a}_2 \boldsymbol{a}_3| \sum \varepsilon(ij) x_i y_j$$

$$= \begin{vmatrix} a_1 & a_2 \\ b_1 & b_2 \end{vmatrix} \cdot \begin{vmatrix} x_1 & y_1 \\ x_2 & y_2 \end{vmatrix} + \begin{vmatrix} a_1 & a_3 \\ b_1 & b_3 \end{vmatrix} \cdot \begin{vmatrix} x_1 & y_1 \\ x_3 & y_3 \end{vmatrix} + \begin{vmatrix} a_2 & a_3 \\ b_2 & b_3 \end{vmatrix} \cdot \begin{vmatrix} x_2 & y_2 \\ x_3 & y_3 \end{vmatrix}$$

例 44 $A = \begin{pmatrix} a & b & c \\ x & y & z \end{pmatrix}$ $B = \begin{pmatrix} a & x \\ b & y \\ c & z \end{pmatrix}$ のとき $|AB|$ を 2 通

りに展開し，次の等式を導け.

$$(a^2 + b^2 + c^2)(x^2 + y^2 + z^2) - (ax + by + cz)^2$$
$$= (ay - bx)^2 + (az - cx)^2 + (bz - cy)^2$$

解

$$|AB| = \begin{vmatrix} a^2 + b^2 + c^2 & ax + by + cz \\ ax + by + cz & x^2 + y^2 + z^2 \end{vmatrix}$$

$$= (a^2 + b^2 + c^2)(x^2 + y^2 + z^2) - (ax + by + cz)^2$$

$$|AB| = \begin{vmatrix} a & b \\ x & y \end{vmatrix} \cdot \begin{vmatrix} a & x \\ b & y \end{vmatrix} + \begin{vmatrix} a & c \\ x & z \end{vmatrix} \cdot \begin{vmatrix} a & x \\ c & z \end{vmatrix} + \begin{vmatrix} b & c \\ y & z \end{vmatrix} \cdot \begin{vmatrix} b & y \\ c & z \end{vmatrix}$$

$$= (ay - bx)^2 + (az - cx)^2 + (bz - cy)^2$$

練習問題 8

35 右の行列 A の転置行列を ^tA とする. $|A^tA| = |A| \cdot |^tA|$ を用いて，次の等式を 導け. ただし $\Sigma \alpha^n = \alpha^n + \beta^n + \gamma^n$ である.

$$A = \begin{pmatrix} 1 & 1 & 1 \\ \alpha & \beta & \gamma \\ \alpha^2 & \beta^2 & \gamma^2 \end{pmatrix}$$

$$D = \begin{vmatrix} \sum \alpha^0 & \sum \alpha^1 & \sum \alpha^2 \\ \sum \alpha^1 & \sum \alpha^2 & \sum \alpha^3 \\ \sum \alpha^2 & \sum \alpha^3 & \sum \alpha^4 \end{vmatrix} = (\alpha - \beta)^2 (\alpha - \gamma)^2 (\beta - \gamma)^2$$

36 3次方程式の3根を α, β, γ とするとき，前問の式 D を判別式という． $x^3 + bx + c = 0$ の判別式を求めよ．

37 A, B, X, Y は同じ次数の行列で，B は正則のとき，次の等式を証明せよ．

$$\begin{vmatrix} A & X \\ Y & B \end{vmatrix} = |A - XB^{-1}Y| \cdot |B|$$

38 前問の等式を用いて，次の行列式を展開せよ．

$$D = \begin{vmatrix} 0 & a^2 & b^2 & 1 \\ a^2 & 0 & c^2 & 1 \\ b^2 & c^2 & 0 & 1 \\ 1 & 1 & 1 & 0 \end{vmatrix}$$

練習問題のヒントと略解

1 (1) 14　　(2) 2　　(3) $a^2 + b^2$　　(4) 1　　(5) 1
(6) $a^2 + b^2 + c^2 + d^2$

2 (1) -240　　(2) 14　　(3) -58　　(4) $-2abc$
(5) $1 + bc + ca + ab$　　(6) $1 + a^2 + b^2 + c^2$
(7) $a^3 + b^3 + c^3 - 3abc$　　(8) 0

3 (1) $\varepsilon(3\ 1\ 4\ 2) \cdot 3 \cdot 5 \cdot 8 \cdot (-8) = (-1)^3(-960) = 960$
(2) $\varepsilon(4\ 2\ 1\ 3) \cdot 5 \cdot 0 \cdot 4 \cdot (-2) = (-1)^4 0 = 0$
(3) $\varepsilon(4\ 3\ 2\ 1) \cdot 5 \cdot 4 \cdot 7 \cdot 6 = (-1)^6 840 = 840$

4 (1) 第2行 − 第1行, 第3行 + 第1行 ×2, 140
(2) 第2列 − 第1列 ×2, 第3列 − 第1列 ×3, 18
(3) 第2列 − 第1列, 第3列 − 第1列, 12

5 (1) 第2列を第3列に加之て $a+b+c$ を外に出す. 0
(2) 第2行 + 第3行を第1行からひき展開する. $4abc$
(3) 第1行 + 第2行, 第2行 + 第3行, 展開する. $8abc$

6 (1) 第2列と第3列を第1列に加之, 第1列から $x+a+b+c$ を外へ出し, 第2行と第3行から第1行をひく. $x^2(x+a+b+c)$
(2) 第1行 − 第2行, 第2行 − 第3行, 第1行から $a-b$, 第2行 $b-c$ を外へ出す. $(b-c)(c-a)(a-b)$
(3) 第2, 3列を第1列に加之, 第1列から $a+b+c$ を外へ出す. 次に第1行から第2行をひき, 第2行から第3行をひき, 第1行と第2行から $a+b+c$ を外へ出す. $(a+b+c)^3$

7
$$\begin{vmatrix} 5x_1 & 5y_1 \\ 5x_2 & 5y_2 \end{vmatrix} + \begin{vmatrix} 3y_1 & 3x_1 \\ 3y_2 & 3x_2 \end{vmatrix} = 25 \begin{vmatrix} x_1 & y_1 \\ x_2 & y_2 \end{vmatrix} - 9 \begin{vmatrix} x_1 & y_1 \\ x_2 & y_2 \end{vmatrix} = 16$$

8

$$D' = \begin{vmatrix} 2b_1 + c_1 & c_1 + 3a_1 & 2a_1 + 3b_1 \\ 2b_2 + c_2 & c_2 + 3a_2 & 2a_2 + 3b_2 \\ 2b_3 + c_3 & c_3 + 3a_3 & 2a_3 + 3b_3 \end{vmatrix}$$

①と③′,　①′と②,
②′と③は比例する.
和に分ける.

①　①′②　②′③　③′

$$= \begin{vmatrix} 2b_1 & c_1 & 2a_1 \\ 2b_2 & c_2 & 2a_2 \\ 2b_3 & c_3 & 2a_3 \end{vmatrix} + \begin{vmatrix} c_1 & 3a_1 & 3b_1 \\ c_2 & 3a_2 & 3b_2 \\ c_3 & 3a_3 & 3b_3 \end{vmatrix} = 4D + 9D = 13D$$

9　第1列 − 第2列，第2列 − 第3列を行い，次に第1行 − 第2
行，第2行 − 第3行を行うと $(x-y)(y-z)$ を外に出せる．次に
第1行から第2行をひき $x-z$ を外へ出せ．$2(y-z)(z-x)(x-y)$

10　(1) 第1列 − 第2列，第2列 − 第3列を行い $a-b, b-c$ を外
へ出し，第2列 − 第1列を行い $c-a$ を外に出し，展開する.
　(2) 第1行 − 第2行，第2行 − 第3行を行い $a-b, b-c$ を外
へ出し，第1行から第2行をひき，$a-c$ を外へ出し，展開へ.
　(3) 第1行 + 第2行，第2行 + 第3行を行い，$a+b, b+c$ を外
へ出す．次に第1列を第3列に加える.

11　サラスの方法で展開し，和の公式を用いる.
左辺 $= \{\sin(\gamma-\beta) + \sin(\alpha-\gamma)\} + \sin(\beta-\alpha)$
$= 2\sin\dfrac{\alpha-\beta}{2}\cos\dfrac{2\gamma-\alpha-\beta}{2} + 2\sin\dfrac{\beta-\alpha}{2}\cos\dfrac{\beta-\alpha}{2}$
$= 2\sin\dfrac{\alpha-\beta}{2}\left\{\cos\dfrac{2\gamma-\alpha-\beta}{2} - \cos\dfrac{\beta-\alpha}{2}\right\}$
$= 2\sin\dfrac{\alpha-\beta}{2}\cdot\left(-2\sin\dfrac{\gamma-\alpha}{2}\sin\dfrac{\gamma-\beta}{2}\right) = $ 右辺

12 (1) 第 2 列と第 3 列をいれかえる. -1

(2) 第 1 行を第 2, 3, 4 行からひく. -16

(3) 第 1 行の -2 倍, 1 倍, -1 倍をそれぞれ第 2, 3, 4 行に加える. -81

(4) 第 2, 3 列を第 4 列に加え, $a+b+c+d$ を外へ出す. 0

13 (1) $-k_1 k_2 k_3$ (2) $k_1 k_2 k_3 k_4$

(3) $\varepsilon(n, n-1, \cdot, 2, 1) k_n k_{n-1} \cdots\cdots k_1 = (-1)^{n(n-1)/2} k_1 k_2 \cdots\cdots k_n$

14 (1) 第 4 行について展開する. $-x^2 - y^2 - z^2$

(2) 第 2 列について展開する. $x^2 (x^2 - a^2 - b^2 - c^2)$

(3) 第 5 行から第 4 行, 第 4 行から第 3 行, 第 3 行から第 2 行, 第 2 行から第 1 行をひき, 第 4 列について展開する. $abcd$

(4) 第 1 列について展開する. $abcd + ab + ad + cd + 1$

15 (1) 第 1 行について展開する.

(2) $\begin{vmatrix} p^2+1 & pq+0 & pr+0 & ps+0 \\ qp+0 & q^2+1 & qr+0 & qs+0 \\ rp+0 & rq+0 & r+1 & rs+0 \end{vmatrix}$ 和の形に分ける.

$$= \begin{vmatrix} p^2 & 0 & 0 & 0 \\ qp & 1 & 0 & 0 \\ rp & 0 & 1 & 0 \\ sp & 0 & 0 & 1 \end{vmatrix} + \begin{vmatrix} 1 & pq & 0 & 0 \\ 0 & q^2 & 0 & 0 \\ 0 & rq & 1 & 0 \\ 0 & sq & 0 & 1 \end{vmatrix} + \begin{vmatrix} 1 & 0 & pr & 0 \\ 0 & 1 & qr & 0 \\ 0 & 0 & r^2 & 0 \\ 0 & 0 & sr & 1 \end{vmatrix}$$

$$+ \begin{vmatrix} 1 & 0 & 0 & ps \\ 0 & 1 & 0 & qs \\ 0 & 0 & 1 & rs \\ 0 & 0 & 0 & s^2 \end{vmatrix} + \begin{vmatrix} 1 & 0 & 0 & 0 \\ 0 & 1 & 0 & 0 \\ 0 & 0 & 1 & 0 \\ 0 & 0 & 0 & 1 \end{vmatrix}$$

$$= p^2 \begin{vmatrix} 1 & 0 & 0 \\ 0 & 1 & 0 \\ 0 & 0 & 1 \end{vmatrix} + q^2 \begin{vmatrix} 1 & 0 & 0 \\ 0 & 1 & 0 \\ 0 & 0 & 1 \end{vmatrix} + r^2 \begin{vmatrix} 1 & 0 & 0 \\ 0 & 1 & 0 \\ 0 & 0 & 1 \end{vmatrix} + s^2 \begin{vmatrix} 1 & 0 & 0 \\ 0 & 1 & 0 \\ 0 & 0 & 1 \end{vmatrix} + 1$$

（3）$x = a_1$ とおくと 0 になるから $x - a_1$ を因数にもつ．他の因数についても同様．$k(x - a_1) \cdots\cdots (x - a_4)$ とおいて，対角成分の積から $k = 1$.

16 （1）第 $2, 3, 4$ 列を第 1 列に加えて，$a + b + c$ を因数にもつことがわかる．第 1, 2 列に -1 をかけ，第 $2, 3, 4$ 列を第 1 列加えて $b + c - a$ が因数であることがわかる．同様にして $c + a - b, a + b - c$ が因数であることがわかる．定数は c^4 の係数によって定める．

（2）D の第 $1, 2, 3$ 列に ab, ca, bc をかけ，次に第 $1, 2, 3, 4$ 行を c, b, a, abc で割ると D' になる．

17
$$D' = \begin{vmatrix} x_1 & y_1 & z_1 \\ x_2 & y_2 & z_2 \\ x_3 & y_3 & z_3 \end{vmatrix} \cdot \begin{vmatrix} 2 & 0 & 5 \\ 3 & 5 & 0 \\ 0 & 3 & 2 \end{vmatrix} = 1 \times 65 = 65$$

18 $\omega^3 = 1, \omega^2 + \omega + 1 = 0$ を用いると
$$D^2 = \begin{vmatrix} 1 & 1 & -2 & 1 \\ 1 & 1 & 1 & -2 \\ -2 & 1 & 1 & 1 \\ 1 & -2 & 1 & 1 \end{vmatrix} = \begin{vmatrix} -2 & 1 & 1 & 1 \\ 1 & -2 & 1 & 1 \\ 1 & 1 & -2 & 1 \\ 1 & 1 & 1 & -2 \end{vmatrix}$$

第 $2, 3, 4$ 列を第 1 列に加えると第 1 列の成分はすべて 1 になる．第 1 行を残りの行からひいて三角行列式にかえ $D^2 = -27, D = \pm 3\sqrt{3}i$

19 $\begin{vmatrix} a & b & c \\ c & a & b \\ b & c & a \end{vmatrix} \cdot \begin{vmatrix} x & z & y \\ y & x & z \\ z & y & x \end{vmatrix} = \begin{vmatrix} X & Z & Y \\ Y & X & Z \\ Z & Y & X \end{vmatrix}$

20 (1)
$$A^{-1} = \frac{1}{2} \begin{pmatrix} 1 & 1 & 0 \\ 1 & 0 & -1 \\ 0 & 1 & -1 \end{pmatrix}$$

(2)
$$A^{-1} = \begin{pmatrix} 0 & 0 & c^{-1} \\ 0 & b^{-1} & 0 \\ a^{-1} & 0 & 0 \end{pmatrix}$$

(3)
$$A^{-1} = \frac{1}{3} \begin{pmatrix} 1 & 1 & 1 \\ 1 & \omega^2 & \omega \\ 1 & \omega & \omega^2 \end{pmatrix}$$

21 (1) 3 次の小行列式はすべて 0 で，2 次の小行列式に 0 でないものがあるから $\mathrm{rank}\, A = 2$

(2) 基本操作によって変形すると右の行列になるから

$$\mathrm{rank}\, A = 3$$

$$A = \begin{pmatrix} 1 & 0 & 0 & 0 \\ 0 & 1 & 0 & 0 \\ 0 & 0 & 1 & 0 \\ 0 & 0 & 0 & 0 \end{pmatrix}$$

22
$$|B| = |kA| = \begin{vmatrix} ka_{11} & ka_{12} & ka_{13} \\ ka_{21} & ka_{22} & ka_{23} \\ ka_{31} & ka_{32} & ka_{33} \end{vmatrix} = k^3 \begin{vmatrix} a_{11} & a_{12} & a_{13} \\ a_{21} & a_{22} & a_{23} \\ a_{31} & a_{32} & a_{33} \end{vmatrix} = k^3 |A|$$

23 $AA^{(c)} = |A| \cdot E, E$ は 3 次の正方行列であるから，前問によって $|AA^{(c)}| = |A|^3 \cdot |E|, |A| \cdot |A^{(c)}| = |A|^3$，両辺を $|A|$ で割る.

24 前問の等式の A に与えられた行列を代入する．A の余因子 A_{11}, A_{22}, A_{38} は X, A_{12}, A_{28}, A_{31} は Y, A_{13}, A_{21}, A_{32} は Z であるから

$$\begin{vmatrix} X & Y & Z \\ Z & X & Y \\ Y & Z & X \end{vmatrix} = \begin{vmatrix} x & y & z \\ z & x & y \\ y & z & x \end{vmatrix}^2$$

両辺の行列式を展開する.

25 (1) $x = \dfrac{(c-k)(k-b)}{(c-a)(a-b)}, y = \dfrac{(a-k)(k-c)}{(a-b)(b-c)}, z = \dfrac{(b-k)(k-a)}{(b-c)(c-a)}$

(2) 右の行列 A, B で, B は A に列を追 $\qquad A = \begin{pmatrix} a_1 & b_1 \\ a_2 & b_2 \end{pmatrix}, B = \begin{pmatrix} a_1 & b_1 & c_1 \\ a_2 & b_2 & c_3 \end{pmatrix}$

加したものであるから $\operatorname{rank} A \leqq \operatorname{rank} B$, B の小行列式の次数は 2 以下であるから $\operatorname{rank} B \leqq 2$, また仮定 $a_1 \neq 0$ により $1 \leqq \operatorname{rank} A$, 結局

$1 \leqq \operatorname{rank} A \leqq \operatorname{rank} B \leqq 2$

(ⅰ) $\operatorname{rank} A = \operatorname{rank} B = 2$ のとき, すなわち

$\begin{vmatrix} a_1 & b_1 \\ a_2 & b_2 \end{vmatrix} \neq 0$ のとき $x = \dfrac{c_1 b_2 - c_2 b_1}{a_1 b_2 - a_2 b_1}, \quad y = \dfrac{a_1 c_2 - a_2 c_1}{a_1 b_2 - a_2 b_1}$

(ⅱ) $\operatorname{rank} A = 1, \operatorname{rank} B = 2$ のとき解がない.

(ⅲ) $\operatorname{rank} A = \operatorname{rank} B = 1$ のとき, すなわち

$\begin{vmatrix} a_1 & b_1 \\ a_2 & b_2 \end{vmatrix} = 0, \begin{vmatrix} a_1 & c_1 \\ a_2 & c_2 \end{vmatrix} = 0, \begin{vmatrix} b_1 & c_1 \\ b_2 & c_2 \end{vmatrix} = 0$ のとき

$x = \dfrac{c_1}{a_1} - \dfrac{b_1}{a_1} t, y = t$

26 係数が 0 の方程式を 1 つ補っても同値である.

$$\begin{cases} a_1 x + b_1 y + c_1 z = 0 \\ a_2 x + b_2 y + c_2 z = 0 \\ 0 \cdot x + 0 \cdot y + 0 \cdot z = 0 \end{cases} \qquad A = \begin{pmatrix} a_1 & b_1 & c_1 \\ a_2 & b_2 & c_2 \\ 0 & 0 & 0 \end{pmatrix}$$

$|A| = 0$ であるから, 自明でない解をもつ.

27 3 点が 1 直線上にあったとし, その直線を $ax + by + c = 0$ とお

くと，次の方程式（ⅰ）が成り立つ．これらを a,b,c についての連立方程式とみると，a,b の少くとも一方は 0 でないから自明でない解をもち，（ⅱ）が成り立つ．

$$
（ⅰ）\begin{cases} ax_1 + by_1 + c = 0 \\ ax_2 + by_2 + c = 0 \\ ax_3 + by_3 + c = 0 \end{cases}
\quad （ⅱ）\begin{vmatrix} x_1 & y_1 & 1 \\ x_2 & y_2 & 1 \\ x_3 & y_3 & 1 \end{vmatrix} = 0
$$

　逆に（ⅱ）が成り立つとすると（ⅰ）は自明でない解をもつから，もし $a=b=0$ とすると $c \neq 0$，これは矛盾．よって a,b の少くとも一方は 0 でないから，$ax + by + c = 0$ は直線を表し，この直線に 3 点 (x_1, y_1), $(x_2, y_2), (x_3, y_3)$ がある．

28 3 点を通る円があったとし，それを $x^2 + y^2 + ax + by + c = 0$ とおくと（ⅰ）が成り立つ．

$$
（ⅰ）\begin{cases} x^2 + y^2 + ax + by + c = 0 \\ x_1{}^2 + y_1{}^2 + ax_1 + by_1 + c = 0 \\ x_2{}^2 + y_2{}^2 + ax_2 + by_2 + c = 0 \\ x_3{}^2 + y_3{}^2 + ax_3 + by_3 + c = 0 \end{cases}
$$

$$
（ⅱ）\begin{cases} X(x^2 + y^2) + Yx + Zy + U = 0 \\ X(x_1{}^2 + y_1{}^2) + Yx_1 + Zy_1 + U = 0 \\ X(x_2{}^2 + y_2{}^2) + Yx_2 + Zy_2 + U = 0 \\ X(x_3{}^2 + y_3{}^2) + Yx_3 + Zy_3 + U = 0 \end{cases}
$$

　（ⅱ）を X, Y, Z, U についの連立方程式とみると（ⅰ）によって，自明でない解 $X = 1, Y = a, Z = b, U = c$ をもつから，定理によって（ⅲ）が成り立つ．

$$
（ⅲ）\begin{vmatrix} x^2 + y^2 & x & y & 1 \\ x_1{}^2 + y_1{}^2 & x_1 & y_1 & 1 \\ x_2{}^2 + y_2{}^2 & x_2 & y_2 & 1 \\ x_3{}^2 + y_3{}^2 & x_3 & y_3 & 1 \end{vmatrix} = 0
\quad D = \begin{vmatrix} x_1 & y_1 & 1 \\ x_2 & y_2 & 1 \\ x_3 & y_3 & 1 \end{vmatrix}
$$

　（ⅲ）の $x^2 + y^2$ の係数は D である．3 点 $A(x_1, y_1), B(x_2, y_2),$

$C(x_3, y_3)$ は 1 直線上にないから $D \neq 0$, よって（iii）は円の方程式で，3 点 A, B, C の座標はこの方程式をみたすから求める円の方程式である．

29 $x^3 = 1$ の 3 根を α, β, γ とすると，共通根をもつための条件は $a\alpha^2 + b\alpha + c = 0, a\beta^2 + b\beta + c = 0$ または $a\gamma^2 + b\gamma + c = 0$ この条件は例 9 によって $D = 0$ と同値である．

別解にシルベスターの消去法がある．

$$
(\text{i})\begin{cases}
ax^2+bx+c=0 \\
ax^3+bx^2+cx\quad=0 \\
ax^4+bx^3+cx^2\qquad=0 \\
x^3\qquad\quad-1=0 \\
x^4\qquad\qquad-x\quad=0
\end{cases}
D'=\begin{vmatrix}
0&0&a&b&c\\
0&a&b&c&0\\
a&b&c&0&0\\
0&1&0&0&-1\\
1&0&0&-1&0
\end{vmatrix}=0
$$

（i）は自明でない解 $x^4, x^3, x^2, x, 1$ をもつとみると $D' = 0, D'$ の第 1 列を第 4 列に，第 2 列を第 5 列に加えて $D = 0$ を導く．

30
$$
\begin{cases}
(1-k)x\qquad\quad-4z=0\\
(5-k)y+4z=0\\
-4x+4y+(3-k)z=0
\end{cases}
\text{から}\quad A=\begin{pmatrix}
1-k&0&-4\\
0&5-k&4\\
-4&4&3-k
\end{pmatrix}
$$

$|A| = 0$ を因数分解して $(k+3)(k-3)(k-9) = 0$　∴$k = -3, 3, 9$

$\underline{k = -3 \text{ のとき}}$

$$
A=\begin{pmatrix}
4&0&-4\\
0&8&4\\
-4&4&6
\end{pmatrix}\quad
\begin{vmatrix}4&0\\0&8\end{vmatrix}\neq0\quad \operatorname{rank}A=2
$$

第 1，第 2 方程式を解いて $x = 2t, y = -t, z = 2t$……

$\underline{k = 3 \text{ のとき}}$

$$A = \begin{pmatrix} -2 & 0 & -4 \\ 0 & 2 & 4 \\ -4 & 4 & 0 \end{pmatrix} \qquad \begin{vmatrix} -2 & 0 \\ 0 & 2 \end{vmatrix} \neq 0 \quad \text{rank}\, A = 2$$

第 1，第 2 方程式から $x = -2t, y = -2t, z = t$

$\underline{k = 9 \text{ のとき}}$

$$A = \begin{pmatrix} -8 & 0 & -4 \\ 0 & -4 & 4 \\ -4 & 4 & -6 \end{pmatrix} \qquad \begin{vmatrix} -8 & 0 \\ 0 & -4 \end{vmatrix} \neq 0 \quad \text{rank}\, A = 2$$

第 1，第 2 方程式から $x = -t, y = 2t, z = 2t$

31　(1) $a = b$ とおくと第 1 行と第 2 行は一致して $D = 0$，$a - b$ を因数にもつ．$a - c, a - d, b - c, b - d, c - d$ も同様にして因数にもつ．
$$D = -(a-b)(a-c)(a-d)(b-c)(b-d)(c-d)$$

(2) 第 1 行 − 第 2 行，第 2 行 − 第 3 行，$a - b, b - c$ を外へ出してから，さらに第 1 行 − 第 2 行を行い，$a - c$ を外へ出す．
$$D = (b-c)(c-a)(a-b)(bc+ca+ab)$$

32
$$D = \begin{vmatrix} A & B \\ B & A \end{vmatrix} = |A+B| \cdot |A-B| = \begin{vmatrix} a+b & 2b \\ 2a & a+b \end{vmatrix} \cdot \begin{vmatrix} a-b & 0 \\ 0 & b-a \end{vmatrix}$$
$$= -\left\{(a+b)^2 - 4ab\right\}(a-b)^2 = -(a-b)^4$$

33 省略

34
$$D = \begin{vmatrix} A & B \\ B & A \end{vmatrix}, (A, B \text{ は 3 次の正方行列}) \text{ とおく．このとき}$$
$D = |A+B| \cdot |A-B|$ ここで $A - B$ の一部分の行，列の符号をかえて，D_2 に合わせよ．

35 $|A{}^tA|$ は D に等しい. $|A| = |{}^tA| = (\beta - \gamma)(\gamma - \alpha)(\alpha - \beta)$

36 $\alpha + \beta + \gamma = 0, \beta\gamma + \gamma\alpha + \alpha\beta = b, \alpha\beta\gamma = -c$

$\alpha^2 + \beta^2 + \gamma^2 = (\alpha + \beta + \gamma)^2 - 2(\beta\gamma + \gamma\alpha + \alpha\beta) = -2b$

次に $\alpha^3 = -b\alpha - c, \beta^3 = -b\beta - c, \gamma^3 = -b\gamma - c \cdots\cdots$①

①の 3 式を加えて $\alpha^3 + \beta^3 + \gamma^3 = -3c$ を出す. ①の式に α, β, γ を

かけて加え $\alpha^4 + \beta^4 + \gamma^4 = 2b^2$

$$D = \begin{vmatrix} 3 & 0 & -2b \\ 0 & -2b & -3c \\ -2b & -3c & 2b^2 \end{vmatrix} = -4b^3 - 27c^2$$

37 第 2 行の左から XB^{-1} をかけて第 1 行からひく.

$$\begin{vmatrix} A & X \\ Y & B \end{vmatrix} = \begin{vmatrix} A - XB^{-1}Y & O \\ Y & B \end{vmatrix} = |A - XB^{-1}Y| \cdot |B|$$

（はじめの操作を区分行列の積で示せば

$$\begin{pmatrix} E & -XB^{-1} \\ O & E \end{pmatrix} \begin{pmatrix} A & X \\ Y & B \end{pmatrix} = \begin{pmatrix} A - XB^{-1}Y & O \\ Y & B \end{pmatrix}$$

この両辺の行列式を作ってみよ.）

38 $A = \begin{pmatrix} 0 & a^2 \\ a^2 & 0 \end{pmatrix}$, $B = \begin{pmatrix} 0 & 1 \\ 1 & 0 \end{pmatrix}$, $X = \begin{pmatrix} b^2 & 1 \\ c^2 & 1 \end{pmatrix}$, $Y = \begin{pmatrix} b^2 & c^2 \\ 1 & 1 \end{pmatrix}$

とおくと $|B| \neq 0$ から B^{-1} があり B に等しい, 前問の等式から

$$D = \left| \begin{pmatrix} 0 & a^2 \\ a^2 & 0 \end{pmatrix} - \begin{pmatrix} b^2 & 1 \\ c^2 & 1 \end{pmatrix} \begin{pmatrix} 0 & 1 \\ 1 & 0 \end{pmatrix} \begin{pmatrix} b^2 & c^2 \\ 1 & 1 \end{pmatrix} \right| \cdot \begin{vmatrix} 0 & 1 \\ 1 & 0 \end{vmatrix}$$

$$= - \left| \begin{pmatrix} 0 & a^2 \\ a^2 & 0 \end{pmatrix} - \begin{pmatrix} 2b^2 & b^2+c^2 \\ b^2+c^2 & 2c^2 \end{pmatrix} \right| = - \begin{vmatrix} -2b^2 & a^2 - b^2 - c^2 \\ a^2 - b^2 - c^2 & -2c^2 \end{vmatrix}$$

$$= -4b^2c^2 + (a^2 - b^2 - c^2)^2 = a^4 + b^4 + c^4 - 2b^2c^2 - 2c^2a^2 - 2a^2b^2$$

著者紹介：

石谷　茂（いしたに・しげる）

大阪大学理学部数学科卒

主　書　初めて学ぶトポロジー
　　　　大学入試　新作数学問題 100 選
　　　　∀と∃に泣く
　　　　$\varepsilon - \delta$ に泣く
　　　　Max と Min に泣く
　　　　Dim と Rank に泣く
　　　　2 次行列のすべて
　　　　入門入門群論
　　　　エレガントな入試問題解法集　上・下
　　　　数学の本質をさぐる 1　集合・関係・写像・代数系演算・位相・測度
　　　　数学の本質をさぐる 2　新しい解析幾何・複素数とガウス平面
　　　　数学の本質をさぐる 3　関数の代数的処理・古典整数論
　　　　初学者へのひらめき実例数学
　　　　高みからのぞく大学入試数学　現代数学の序開　上・下

（以上 現代数学社）

現数 Select　No.8　行列式

2024 年 5 月 21 日　　初版第 1 刷発行

著　者　　石谷　茂

発行者　　富田　淳

発行所　　株式会社　現代数学社
　　　　　〒606–8425 京都市左京区鹿ヶ谷西寺ノ前町 1
　　　　　TEL 075 (751) 0727　FAX 075 (744) 0906
　　　　　https://www.gensu.co.jp/

装　幀　　中西真一（株式会社 CANVAS）

印刷・製本　　亜細亜印刷株式会社

ISBN 978-4-7687-0636-7　　　　　　　　　　　　　Printed in Japan